Gewöhnliche Differential-
gleichungen

D1717452

Gewöhnliche Differential- gleichungen

Formelsammlung mit Lösungsmethoden und Lösungen

von
Rainer Weizel
Dozent an der
Universität Bonn
und
Jutta Weyland
Wiss. Assistentin an der
Universität Bonn

Bibliographisches Institut Mannheim/Wien/Zürich
B. I.-Wissenschaftsverlag

Alle Rechte vorbehalten
Nachdruck, auch auszugsweise, verboten
© Bibliographisches Institut AG, Zürich 1974
Druck: Zechnersche Buchdruckerei, Speyer
Bindearbeit: Pilger-Druckerei, Speyer
Printed in Germany
ISBN 3-411-01465-2
A

Vorwort

Mit diesem Buch haben wir den Versuch unternommen, die Integrationsmethoden der gebräuchlichsten und geschlossen integrierbaren gewöhnlichen Differen= tialgleichungen auf engem Raum zusammenzustellen. Zu Anfang jedes Abschnitts haben wir jeweils die notwendigen Definitionen,Begriffe und Sätze,manch= mal ohne Beweis,angeführt und anschließend stets einige zugehörige Beispiele gelöst.Um dem Leser die Möglichkeit zu bieten,eine vorgelegte Differential= gleichung möglichst rasch klassifizieren und lösen zu können,sind am Ende des Buches die behandelten Differentialgleichungen in einem Index zusammenge= stellt.Auf die Darstellung numerischer Integrations= methoden mußten wir leider verzichten.Die numeri= schen Methoden haben heute einen so enormen Umfang angenommen,daß ihre Behandlung im Rahmen dieses Buches nicht in angemessener Weise vorgenommen werden kann. Zum Schluß möchten wir dem Verlag,ins= besondere den Herren Dr.Mittelstaedt und Altstadt für die Aufnahme dieses Bändchens in die Reihe "Hochschulskripten" danken.

Jutta Weyland

Rainer Weizel

Inhalt

I Vorbemerkungen

1) Bezeichnungen und Definitionen

Ist x die unabhängige und y die abhängige Variable, ferner

$$y' = \frac{dy}{dx} \quad ; \quad y'' = \frac{d^2y}{dx^2} \qquad u.s.w.$$

so bezeichnet man eine Beziehung

$$F(x,y,y',y'',\ldots,y^{(n)}) = 0 \qquad (1,1)$$

als eine gewöhnliche Differentialgleichung.
Beispiele gewöhnlicher Differentialgleichungen sind

$$y' = y + 3 \qquad (1,2)$$

$$y'' = \sin x + (y')^2 \qquad (1,3)$$

$$(y'')^2 + (y')^4 + y = x \qquad (1,4)$$

$$xyy' + x = 1 \qquad (1,5)$$

Enthält eine Differentialgleichung mehrere unabhängige Veränderliche, d.h. treten partielle Ableitungen auf, so spricht man von einer partiellen Differentialgleichung. Beispielsweise sind

$$x \frac{\partial z}{\partial y} + y \frac{\partial z}{\partial x} = 2z \qquad (1,6)$$

$$z_{xx} + z_{yy} = 0 \qquad (1,7)$$

partielle Differentialgleichungen, in denen zwei unabhängige Variable x,y auftreten.

Als Ordnung einer Differentialgleichung bezeichnet man die Ordnung des höchsten Differentialquotienten, der in ihr vorkommt. Die Differentialgleichungen (1,2), (1,5) und (1,6) sind von erster Ordnung, während die Gleichungen (1,3) und (1,7) bzw. (1,4) von

zweiter bzw. dritter Ordnung sind.
Läßt sich eine Differentialgleichung als Polynom
in den Ableitungen (nicht notwendig in y und x)
schreiben, so gibt der größte Exponent der höchsten
Ableitung den Grad der Differentialgleichung an. Alle
obigen Differentialgleichungen sind ersten Grades mit
Ausnahme von Gleichung (1,4), welche den Grad zwei
besitzt.

2) Aufstellung gewöhnlicher Differentialgleichungen
Die Begriffe: Allgemeines und partikuläres Integral

Wir betrachten eine ebene Kurvenschar, welche
von den freien Parametern C_j $(j = 1,2,\ldots,n)$ abhängt.

$$F(x,y,C_1,C_2,\ldots C_n) = 0 \qquad (2,1)$$

Differenziert man (2,1) n-mal nach der unabhängigen
Veränderlichen x, so ergibt sich

$$F_x + F_y y' = 0$$

$$F_{xx} + 2F_{xy}y' + F_{yy}(y')^2 + F_y y'' = 0 \qquad (2,2)$$

$$\vdots$$

$$\frac{\partial^{(n)}F}{\partial x^n} + \ldots\ldots + \frac{\partial F}{\partial y} y^{(n)} = 0$$

Eliminiert man aus den n+1 Gleichungen (2,2) und
(2,1) die n freien Parameter C_j, so gewinnt man eine
gewöhnliche Differentialgleichung n-ter Ordnung

$$G(x,y,y',y'',\ldots,y^{(n)}) = 0 \qquad (2,3)$$

der die Kurvenschar (2,1) genügt.

(2,1) heißt das allgemeine Integral oder die
Stammgleichung oder auch die allgemeine Lösung der
Differentialgleichung (2,3). Die allgemeine Lösung

13

einer gewöhnlichen Differentialgleichung n-ter Ordnung enthält also n willkürliche Konstanten und kann
in einer x,y-Ebene durch eine n-parametrige Kurvenschar dargestellt werden. Diese Kurven werden auch
Integralkurven der Differentialgleichung genannt.
Bisher sind wir von einer vorgegebenen Kurvenschar
ausgegangen und haben die zugehörige Differentialgleichung aufgestellt. Sehr viel schwieriger ist jedoch das folgende Problem zu lösen. Gegeben ist die
gewöhnliche Differentialgleichung

$$G(x,y,y',y'',\ldots y^{(n)}) = 0 \qquad (2,4)$$

und gesucht ist ihre allgemeine Lösung

$$F(x,y,C_1,C_2,\ldots C_n) = 0 \qquad (2,5)$$

Das Aufsuchen der allgemeinen Lösung $(2,5)$ bezeichnet
man auch als Integration der Differentialgleichung
$(2,4)$.

Bevor wir uns den Integrationsmethoden gewöhnlicher Differentialgleichungen zuwenden, wollen wir
noch kurz einige wichtige Begriffe einführen.

Da die allgemeine Lösung $(2,5)$ der gewöhnlichen
Differentialgleichung n-ter Ordnung $(2,4)$ noch n willkürliche Parameter C_k (k = 1,2,$\ldots$,n) enthält, können
einer Lösung noch n sich nicht widersprechende Bedingungen auferlegt werden. Dadurch werden den Parametern C_k feste Werte zugeordnet. Wir erhalten dann eine spezielle Lösung der Differentialgleichung $(2,4)$,
die man als eine partikuläre Lösung oder auch eine
partikuläres Integral bezeichnet. Geometrisch gesehen
bedeutet das, daß wir aus der durch Gleichung $(2,5)$
dargestellten Schar von Integralkurven genau diejenige auswählen, die durch das partikuläre Integral re-
präsentiert wird.

Die n Bedingungen können z.B. darin bestehen, daß

14

wir die Integralkurve der Lösungsschar $(2,5)$ suchen, die durch den Punkt x_0, y_0 verläuft und dort die Ableitungen $y_0', y_0'', \dots, y_0^{(n-1)}$ besitzt.

$$y_0 = y(x_0)$$

$$y_0' = y'(x_0)$$

. . .

$$y_0^{(n-1)} = y^{(n-1)}(x_0)$$

Die Aufgabe, eine partikuläre Lösung einer Differentialgleichung aufzufinden, die diesen Bedingungen genügt, heißt eine Anfangswertaufgabe. (vgl. Abschnitt 1o und Aufgaben 2,4 und 2,7). Wird eine partikuläre Lösung einer Differentialgleichung dadurch charakterisiert, daß ihr Verhalten an zwei oder mehreren Stellen x_i vorgeschrieben wird, so spricht man von einer Randwertaufgabe. (vgl. Aufgabe 2,4).

Eine gewöhnliche Differentialgleichung kann auch partikuläre Integrale besitzen, die sich nicht aus der allgemeinen Lösung durch spezielle Wahl der Konstanten gewinnen lassen. So ist z.B.

$$y = \ln\left(-\frac{1}{x}\right) - 1$$

ein partikuläres Integral der Differentialgleichung

$$y = xy' + \ln y'$$

welches nicht aus ihrer allgemeinen Lösung

$$y = xC + \ln C$$

abgeleitet werden kann. Eine solche Lösung einer Differentialgleichung heißt singuläre Lösung (siehe Abschnitt 5).

Aufgabe 2.1: Man stelle die Differentialgleichung aller Geraden auf, die in der x-y-Ebene durch den Koordinatenanfang gehen.

Lösung: Die Gleichung der Geraden lautet

$$y = mx \qquad (2,6)$$

Differentiation nach x liefert

$$y' = m \qquad (2,7)$$

Indem wir m aus (2,6) und (2,7) eliminieren, finden wir die gesuchte Differentialgleichung

$$y = xy'.$$

Aufgabe 2.2: Gesucht ist die Differentialgleichung aller Kreise, die die y-Achse im Nullpunkt berühren.

Lösung: Die Mittelpunkte dieser Kreise müssen auf der x-Achse liegen. Die Gleichung der Kreisschar lautet also

$$(x - a)^2 + y^2 = a^2$$

$$x^2 - 2ax + y^2 = 0 \qquad (2,8)$$

Nach a aufgelöst ergibt das

$$a = \frac{x^2 + y^2}{2x}$$

Differenziert man (2,8) nach x und eliminiert a, so findet man die Differentialgleichung

$$2x - \frac{x^2 + y^2}{x} + 2yy' = 0$$

Aufgabe 2.3: Welcher Differentialgleichung genügt die Kurvenschar

$$y = A \sin x + B \cos x$$

Man bestimme

a) diejenige Integralkurve, die durch die Anfangsbedingungen

$$y(o) = 0 ; \quad y'(o) = 2$$

fixiert ist.

b) diejenige Integralkurve, die den Randbedingungen

$$y(o) = 1 \;;\; y(\tfrac{\pi}{2}) = 2$$

genügt.

Lösung: Die Kurvenschar enthält zwei freie Parameter A,B. Sie genügt deshalb einer Differentialgleichung zweiter Ordnung. Wir bilden die Ableitungen

$$y' = A \cos x - B \sin x$$

$$y'' = -A \sin x - B \cos x$$

Offensichtlich ist

$$y'' = -y$$

die gesuchte Differentialgleichung.

Zu a) Aus $y(o) = 0$ folgt, daß $B = 0$ ist. Aus $y'(o)=2$ ergibt sich dann $A = 2$. Die gesuchte Integralkurve besitzt also die Gleichung

$$y = 2 \sin x$$

Zu b) Aus $y(o) = 1$ finden wir $B = 1$ und aus $y(\tfrac{\pi}{2}) = 2$ für A den Wert $A = 2$.

Die Gleichung der gesuchten Integralkurve lautet somit

$$y = 2 \sin x + \cos x$$

Aufgabe 2.4: Gesucht ist die Differentialgleichung der zweiparametrigen Kurvenschar

$$f(x) = a \ln x + bx$$

Lösung: Es ist

$$f'(x) = \frac{a}{x} + b \quad (2,9) \qquad f''(x) = -\frac{a}{x^2} \quad (2,1o)$$

Aus $(2,1o)$ ergibt sich

$$a = -x^2 f''(x)$$

und damit aus $(2,9)$

$b = f'(x) + xf''(x)$

Mithin lautet die gesuchte Differentialgleichung

$$f(x) = x^2 f''(x) (1 - \ln x) + f'(x) \cdot x$$

Aufgabe 2.5:

$$y = -x - 1 + C\, e^x \qquad (2,11)$$

ist das allgemeine Integral von $y'-y = x$. Man bestimme das partikuläre Integral, welches durch den Punkt $x = y = 0$ geht.

Lösung: Um das verlangte partikuläre Integral zu bestimmen, setzen wir $x = y = 0$ in $(2,11)$ ein und finden $C = 1$. Folglich lautet das gesuchte partikuläre Integral

$$y = -x - 1 + e^x.$$

II Gewöhnliche Differentialgleichungen erster Ordnung

1) Existenz- und Eindeutigkeitssatz

Für eine gewöhnliche Differentialgleichung erster Ordnung, die in der expliziten Form

$$y' = f(x,y)$$

vorliegt, kann man den folgenden Existenz- und Eindeutigkeitssatz formulieren, den wir hier, ohne den Beweis zu führen, angeben.

Existenz- und Eindeutigkeitssatz: Die Differentialgleichung erster Ordnung

$$y' = f(x,y)$$

besitzt unter den folgenden Voraussetzungen eine eindeutige Lösung, die der Anfangsbedingung

$$y(x_0) = y_0$$

2 Weizel, Differentialgleichungen

18

genügt.

Wenn es eine abgeschlossene Umgebung des Punktes x_0, y_0 gibt

$$|x-x_0| < a \quad ; \quad |y-y_0| < b$$

in der die Funktion $f(x,y)$ überall stetig und beschränkt ist

$$f(x,y) \text{ stetig} \quad ; \quad |f(x,y)| < M$$

und wenn dort die Funktion $f(x,y)$ einer Lipschitzbedingung genügt

$$|f(x,y_1) - f(x,y_2)| < A |y_1 - y_2| \quad , \quad \text{A positive Konstante.}$$

2) Richtungsfeld einer Differentialgleichung erster Ordnung, Isoklinen

Wir betrachten die gewöhnliche Differentialgleichung erster Ordnung

$$F(x,y,y') = 0 \tag{2,1}$$

die wir uns nach Y' aufgelöst denken

$$y' = f(x,y) \tag{2,2}$$

Diese Gleichung definiert in allen Punkten x,y der Ebene, in denen $f(x,y)$ stetig ist, ein Richtungsfeld. Ist $f(x,y)$ eine eindeutige Funktion von x und y, so wird jedem Punkt x,y genau ein Richtungselement y' zugeordnet. Die Kurvenschar

$$y = y(x,C) \tag{2,3}$$

mit dem Scharparameter C, die in jedem Punkt x,y den Anstieg $(2,2)$ besitzt, wird als Lösung der Differentialgleichung $(2,1)$ oder $(2,2)$ bezeichnet.
Die Kurvenschar

$$C_1 = f(x,y) \tag{2,4}$$

nennt man Isoklinen. Die Isoklinen verbinden die Punkte mit gleichen Richtungselementen $y' = C_1$ untereinander.

<u>Aufgabe 2.1</u>: Man bestimme die Differentialgleichung der Kreisschar

$$x^2 + y^2 = R^2$$

Ferner die Schar der Isoklinen.

<u>Lösung</u>: Die Kreisschar genügt der Differentialgleichung

$$y' = -\frac{x}{y}$$

Die Isoklinenschar

$$y = -\frac{x}{C}$$

stellt ein Geradenbüschel durch den Koordinatenanfang dar

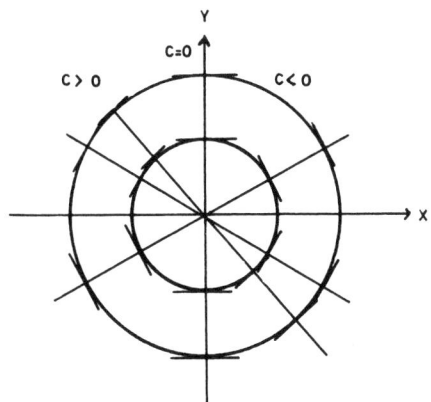

<u>Aufgabe 2.2</u>: Durch $y = Cx^2$ sei eine Isoklinenschar charakterisiert. Man bestimme die zugehörige Differentialgleichung und ihre Lösung.

<u>Lösung</u>: Die Differentialgleichung lautet

$$y = y'x^2$$

oder

2*

$$\frac{dy}{y} = \frac{dx}{x^2}$$

Wir integrieren beide Seiten und finden

$$\ln y = \ln c_1 - \frac{1}{x} \; ; \quad y = C_1 \, e^{-\frac{1}{x}}$$

3) Differentialgleichungen erster Ordnung und ersten Grades

Eine gewöhnliche Differentialgleichung erster Ordnung und ersten Grades kann immer auf die Form

$$f(x,y)y' + g(x,y) = 0 \tag{3,1}$$

oder

$$f(x,y)\,dy + g(x,y)\,dx = 0 \tag{3,2}$$

gebracht werden. Ihre allgemeine Lösung kann nur ermittelt werden, wenn die Funktionen $f(x,y)$ und $g(x,y)$ spezielle Formen aufweisen. Im folgenden werden die integrablen Typen der Differentialgleichung $(3,1)$ der Reihe nach aufgeführt.

3a) Integration durch Trennung der Variablen

Sind die Funktionen $f(x,y)$ und $g(x,y)$ aus Gleichung $(3,1)$ von der Form

$$f(x,y) = f_1(x) \cdot f_2(y) \; ; \quad g(x,y) = g_1(x) \, g_2(y)$$

so lautet die Differentialgleichung $(3,1)$

$$f_1(x) \, f_2(y) \, y' + g_1(x) \, g_2(y) = 0 \tag{3,3}$$

Sie läßt sich umschreiben zu

$$\frac{f_2(y)}{g_2(y)} \, dy + \frac{g_1(x)}{f_1(x)} \, dx = 0 \qquad g_2(y) \neq 0 \; , \; f_1(x) \neq 0$$

Da der Koeffizient von dx nur eine Funktion von x und

der Koeffizient von dy nur eine Funktion von y allein ist, gewinnt man die allgemeine Lösung von $(3,3)$ durch die Integration

$$\int \frac{f_2(y)}{g_2(y)} \, dy + \int \frac{g_1(x)}{f_1(x)} \, dx = C$$

Aufgabe 3,1: $\quad 2\,xy\,dy = dx$

Lösung: Die Differentialgleichung kann umgeschrieben werden zu

$$2\,y\,dy = \frac{dx}{x}$$

Durch Integration findet man die Lösung

$$y^2 = \ln(Cx)$$

oder

$$e^{y^2} = Cx$$

Aufgabe 3,2: $\quad y(1-2x)\cos x(1-x)\,dx = \sin x(1-x)\,dy$

Lösung: Die Variablen lassen sich separieren. Man findet dann

$$\int \frac{(1-2x)\cos(x(1-x))}{\sin(x(1-x))} \, dx = \int \frac{dy}{y} + \ln C$$

Wegen

$$(1-2x)\cos x(1-x)\,dx = d\,\sin x(1-x)$$

ergibt sich durch Integration

$$\ln\,\sin x(1-x) = \ln C \cdot y$$

$$Cy = \sin x(1-x)$$

Aufgabe 3,3: $\quad y' - 2y = 0$

Lösung: Wir trennen die Veränderlichen

$$\frac{dy}{y} = 2\,dx$$

und integrieren

$$\ln y = 2x + \ln C \quad ; \quad y = C \, e^{2x}$$

$\underline{Aufgabe\ 3,4:} \quad \dfrac{dy}{y} = -\dfrac{1}{2}\dfrac{dx}{x}$

$\underline{Lösung:}$ Hier sind die Variablen schon getrennt, und man kann sofort integrieren

$$\ln y = -\frac{1}{2}\ln x + \ln C$$

und findet

$$\sqrt{x}\ y = C$$

$\underline{Aufgabe\ 3,5:} \quad ydx = \sin x \cos x \, dy$

$\underline{Lösung:}$ Die allgemeine Lösung ergibt sich über

$$\ln C + \int \frac{dx}{\sin x \cos x} = \int \frac{dy}{y}$$

$$\int \frac{dx}{\sin x \cos x} = \int \frac{d\ tg\ x}{tg\ x} = \ln\ tg\ x$$

zu

$$y = C\ tg\ x$$

$\underline{3b)\ Die\ Differentialgleichung} \quad y' = F\!\left(\dfrac{y}{x}\right)$

Die Differentialgleichung erster Ordnung und ersten Grades $(3,1)$

$$f(x,y)y' + g(x,y) = 0 \tag{3,1}$$

läßt sich auf die Form

$$y' = F\!\left(\frac{y}{x}\right) \tag{3,4}$$

bringen, wenn die beiden Funktionen $f(x,y)$ und $g(x,y)$ $\underline{homogene\ Funktionen}$ in x und y vom Grade m sind. Dann gelten für f und g die Beziehungen

$$f(\lambda x, \lambda y) = \lambda^m f(x,y)$$

$$\tag{3,5}$$

$$g(\lambda x, \lambda y) = \lambda^m g(x,y)$$

Für $\lambda = x^{-1}$ wird aus $(3,5)$

$$f(1,\tfrac{y}{x}) = x^{-m} f(x,y); \quad g(1,\tfrac{y}{x}) = x^{-m} g(x,y)$$

Dividiert man die Gleichungen $(3,1)$ durch x^m, so erhält man

$$y' = - \frac{g(1,\tfrac{y}{x})}{f(1,\tfrac{y}{x})} = F(\tfrac{y}{x}) \qquad (3,6)$$

Durch die Substitution

$$\tfrac{y}{x} = z \quad ; \quad y = x \cdot z \quad ; \quad y' = z + xz' \qquad (3,7)$$

gelangt man zu

$$z + xz' = F(z)$$

einer Differentialgleichung, deren Variablen separiert werden können

$$\frac{dz}{F(z)-z} = \frac{dx}{x}$$

Führt man in Gleichung $(3,4)$ für die Veränderlichen x und y ebene Polarkoordinaten ein, so gelangt man ebenfalls zu einer Differentialgleichung, deren Variablen sich trennen lassen. (vgl. Aufgabe $3,8$.)

Beispiele

Aufgabe 3,6: $\quad x^2 y' = xy + y^2$
Die Funktionen

$$f(x,y) = x^2 \quad ; \quad g(x,y) = -(xy+y^2)$$

sind beide homogen vom Grade zwei. Dividieren wir die Differentialgleichung durch x^2, so entsteht

$$y' = \frac{y}{x} + \frac{y^2}{x^2} = F(\tfrac{y}{x}) \qquad (3,8)$$

Wir setzen nun $y = xz$; $y' = z + xz'$ und erhalten

$$\frac{dz}{z^2} = \frac{dx}{x} \quad ; \quad -\frac{1}{z} = \ln C\, x$$

Ersetzen wir wieder z durch y/x, so ergibt sich die

24

allgemeine Lösung zu

$-x = y \ln C x$

Aufgabe 3,7: $y' - \dfrac{y}{x} = \dfrac{y^3-2xy^2-x^2y+2x^3}{x(6y^2-11xy+x^2)}$

Lösung: Dividieren wir Zähler und Nenner der rechten
Seite durch x^3 und substituieren $y = xz$, so entsteht

$\dfrac{(6z^2-11z+1)dz}{z^3-2z^2-z+2} = \dfrac{dx}{x}$

Wir führen die Partialbruchzerlegung

$\dfrac{dx}{x} = dz\{ \dfrac{2}{z-1} + \dfrac{3}{z+1} + \dfrac{1}{z-2}\}$

durch und finden durch Integration die Lösung

$x^7 = C(y-x)^2(y+x)^3(y-2x)$

Aufgabe 3,8: Man zeige: Durch Einführung von ebenen
Polarkoordinaten lassen sich die Variablen der Differentialgleichung $y' = F(\dfrac{y}{x})$ trennen.

Lösung: Wir setzen

$x = r \cos \varphi$ und $y = r \sin \varphi$

Dann ist

$F(\dfrac{y}{x}) = F(tg\ \varphi)$

eine Funktion von φ allein. Wir bilden nun die Differentiale

$dy = \sin \varphi\ dr + r \cos \varphi\ d\ \varphi$

$dx = \cos \varphi\ dr - r \sin \varphi\ d\ \varphi$

und erhalten die Differentialgleichung

$y' = \dfrac{dy}{dx} = \dfrac{\sin\varphi dr + r\cos\varphi d\varphi}{\cos\varphi dr - r\sin\varphi d\varphi} = F(tg\ \varphi)$

Dividieren wir Zähler und Nenner durch $\cos \varphi$, so gelangen wir nach einigen Umformungen zu der Differentialgleichung

$\dfrac{dr}{r} = \dfrac{1+tg\varphi\cdot F(tg\varphi)}{F(tg\varphi)-tg\varphi}\ d\ \varphi$

in der die Variablen getrennt sind.

3c) Die totale Differentialgleichung

Die Differentialgleichung erster Ordnung und ersten Grades

$$f(x,y)\, dy + g(x,y)\, dx = 0 \qquad (3,9)$$

heißt eine totale Differentialgleichung, wenn $f(x,y)\, dy + g(x,y)\, dx$ das totale Differential einer Funktion $F(x,y) = C$ ist. Es gilt dann

$$\frac{\partial F(x,y)}{\partial x} = g(x,y) \quad ; \quad \frac{\partial F(x,y)}{\partial y} = f(x,y)$$

und $F(x,y) = C$ ist die Stammfunktion (allgemeine Lösung) der totalen Differentialgleichung $(3,9)$. Umgekehrt ist $(3,9)$ nur dann das totale Differential einer Funktion $F(x,y) = C$, wenn die Integrabilitätsbedingung

$$\frac{\partial f(x,y)}{\partial x} = \frac{\partial g(x,y)}{\partial y} \qquad (3,1o)$$

erfüllt ist. Gilt nämlich $(3,1o)$ in allen Punkten eines einfach zusammenhängenden Gebietes, so ist dort das Linienintegral

$$F(x,y) = \int\limits_{x_0,y_0}^{x,y} \{ f(x,y)\, dy + g(x,y)\, dx\}$$

vom Wege unabhängig und definiert die Stammfunktion.

Zur praktischen Integration der Differentialgleichung $(3,9)$ wählt man einen Integrationsweg, der parallel zu den Koordinatenachsen verläuft. Die Lösung von $(3,9)$ kann dann durch die beiden gleichwertigen Formeln

$$\int\limits_{y_0}^{y} f(x,y)\, dy + \int\limits_{x_0}^{x} g(x,y_0)\, dx = C \qquad (3,11a)$$

oder

$$\int\limits_{y_0}^{y} f(x_0,y)\, dy + \int\limits_{x_0}^{x} g(x,y)\, dx = C \qquad (3,11b)$$

26

ermittelt werden. In (3,11a) wird zunächst auf einer
Parallelen zur x-Achse und anschließend auf einer
Parallelen zur y-Achse integriert. (vgl. Fig. 1). Der
Integrationsweg von (3,11b) ist ebenfalls in Fig.1
eingetragen.

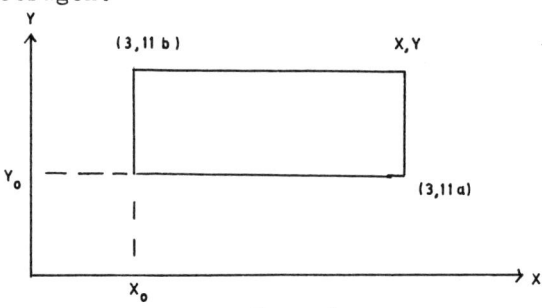

Fig. 1

Das Ergebnis ändert sich nur um eine additive Konstante, wenn man in den Formeln (3,11) statt x_0, y_0
einen anderen Anfangspunkt x_1, y_1 wählt.

Beispiele

Aufgabe 3,9: Löse: xdx + ydy = 0

Lösung: Die Integrabilitätsbedingungen (3,1o) sind
offensichtlich erfüllt. Zur Lösung verwenden wir Formel (3,11a)

$$\int_{x_o}^{x} x\ dx + \int_{y_o}^{y} y\ dy = C$$

Also ist

$$(x^2 - x_0^2) + (y^2 - y_0^2) = 2\ C$$

oder

$$x^2 + y^2 = C_1 = 2\ C + x_0^2 + y_0^2$$

die gesuchte Lösung.

Aufgabe 3,1o: $(y^2 + 6x^2 y^2)dx + (2xy + 4x^3 y)\ dy = 0$

Lösung: Die Integrabilitätsbedingung $(3,1o)$ ist erfüllt.

$$\frac{\partial(y^2+6x^2y^2)}{\partial y} = 2y+12x^2y = \frac{\partial(2xy+4x^3y)}{\partial x}$$

Es liegt also eine totale Differentialgleichung vor, zu deren Lösung wir über $(3,11a)$ gelangen.

$$\int_{x_0}^{x} (y_0^2+6x^2y_0^2)dx + \int_{y_0}^{y} (2xy+4x^3y)\ dy = C \qquad (3,12)$$

Das ergibt

$$y_0^2x + 2x^3y_0^2 - y_0^2x_0 - 2x_0^3y_0^2 + y^2x + 2x^3y^2 - xy_0^2$$

$$- 2x^3y_0^2 = C$$

Faßt man die konstanten Glieder zu einer Konstanten C_1 zusammen, so wird daraus

$$xy^2 + 2x^3y^2 = C_1 \qquad (3,13)$$

Oft ist es günstig, den Koordinatenursprung als Anfangspunkt der Integration zu wählen. Ist $x_0=y_0=0$, so entfällt in $(3,12)$ das erste Integral und $(3,12)$ reduziert sich auf

$$\int_0^y (2xy+4x^3y)\ dy = C_1$$

Die Integration liefert sofort das Ergebnis von $(3,13)$.

Aufgabe 3,11: $(4x^3y^3+2x\ \ln\ y)\ dx + (3x^4y^2+ \frac{x^2}{y})dy = 0$

Lösung: Die Bedingung $(3,1o)$ ist erfüllt. Nach $(3,11b)$ ergibt sich dann

$$\int_0^x (4x^3y^3+2x\ \ln\ y)\ dx = C$$

$$x^4y^3 + x^2\ \ln\ y = C$$

3d) Integrierende Faktoren

Das allgemeine Integral $F(x,y) = C$ der Differentialgleichung

$$f(x,y) \, dy + g(x,y) \, dx = 0 \qquad (3,14)$$

sei bekannt. Bilden wir

$$dF = \frac{\partial F}{\partial x} dx + \frac{\partial F}{\partial y} dy = 0 \qquad (3,15)$$

und lösen $(3,14)$ und $(3,15)$ nach y' auf, so erhalten
wir

$$y' = -\frac{F_x}{F_y} = -\frac{g(x,y)}{f(x,y)} \qquad (3,16)$$

Wir bestimmen nun eine Funktion $R(x,y)$ so, daß gilt

$$R(x,y) = \frac{F_x}{g(x,y)} = \frac{F_y}{f(x,y)}$$

$$F_x = R(x,y) \cdot g(x,y) \quad ; \quad F_y = R(x,y) \cdot f(x,y)$$

Nach $(3,15)$ erhalten wir

$$dF = R(x,y)\{ g(x,y) \, dx + f(x,y) \, dy\} = 0 \qquad (3,17)$$

eine totale Differentialgleichung, die aus $(3,14)$
durch Multiplikation mit der Funktion $R(x,y)$ hervor-
geht. Die Funktion $R(x,y)$ wird integrierender Faktor
der Differentialgleichung $(3,14)$ genannt.

Existiert ein Integral von $(3,16)$, so gibt es
stets einen integrierenden Faktor $R(x,y)$, so daß der
Ausdruck

$$R(x,y) \left(f(x,y) \, dy + g(x,y) \, dx \right) = 0 \qquad (3,18)$$

ein totales Differential dF einer Funktion $F(x,y)=C$
wird. Die allgemeine Lösung der Differentialgleichung
$(3,14)$ ist dann $F(x,y) = C$.

Offensichtlich ist die Funktion $R(x,y)$ genau dann
ein integrierender Faktor der Differentialgleichung
$(3,14)$, wenn die Bedingung

$$\frac{\partial R(x,y) f(x,y)}{\partial x} = \frac{\partial R(x,y) g(x,y)}{\partial y} \qquad (3,19)$$

erfüllt ist. Es gibt unendlich viele integrierende
Faktoren der Differentialgleichung (3,14). Um das
einzusehen, gehen wir von der allgemeinen Lösung
F(x,y) = C aus. Das totale Differential dF genügt
dann der Gleichung (3,18). Wir betrachten nun eine
beliebige stetig differenzierbare Funktion G(F), und
können dann das Integral F(x,y) = C auf die Form
bringen

$$G(F(x,y)) = G(C) = C_1$$

Das totale Differential dG erfüllt offensichtlich die
Gleichung

$$dG = \frac{\partial G}{\partial F}dF = \frac{\partial G}{\partial F} R(x,y) \{ f(x,y)dy + g(x,y)dx\}= 0$$

Folglich ist auch

$$\frac{\partial G}{\partial F} R(x,y)$$

ein integrierender Faktor der Differentialgleichung
(3,14). Da die Funktion G(F) beliebig gewählt war,
gibt es unendlich viele integrierende Faktoren der
Differentialgleichung (3,14).

Die partielle Differentialgleichung (3,19), welche
prinzipiell zur Bestimmung des integrierenden Faktors
R(x,y) dient, ist in vielen Fällen schwieriger zu lösen, als die ursprünglich vorgelegte gewöhnliche Differentialgleichung. Da jedoch schon die Kenntnis einer speziellen Lösung der partiellen Differentialgleichung (3,19) ausreicht, um einen integrierenden Faktor zu bestimmen, können oft zusätzliche Bedingungen
gestellt werden, unter denen sich die Integration der
Gleichung (3,19) vereinfacht. Diese zusätzlichen Bedingungen müssen selbstverständlich so gewählt sein,
daß sie der Gleichung (3,19) nicht widersprechen. Einige Beispiele für derartige Bedingungen sind im fol-

genden zusammengestellt. Die Differentialgleichung (3,14) besitzt unter den folgenden Bedingungen einen integrierenden Faktor der Form

$$R(z) = e^{\int F(z)dz}$$

1) Wenn der Ausdruck

$$\{ \frac{\partial g(x,y)}{\partial y} - \frac{\partial f(x,y)}{\partial x} \} \frac{1}{f(x,y)} = F(x)$$

eine Funktion $F(x)$ von x allein ist. (Zum Beweis siehe Aufg. 3,13).

2) Wenn der Ausdruck

$$\{ \frac{\partial g(x,y)}{\partial y} - \frac{\partial f(x,y)}{\partial x} \} \frac{1}{g(x,y)} = F(y)$$

eine Funktion $F(y)$ von y allein ist.

3) Wenn

$$\{ \frac{\partial g(x,y)}{\partial y} - \frac{\partial f(x,y)}{\partial x} \} \frac{1}{yf(x,y) - xg(x,y)} = F(z); \ z=xy$$

eine Funktion von z = xy allein ist.

4) Wenn

$$\{ \frac{\partial f(x,y)}{\partial x} - \frac{\partial g(x,y)}{\partial y} \} \frac{x^2}{yf(x,y) + xg(x,y)} = F(z); \ z=\frac{y}{x}$$

eine Funktion von z = y/x allein ist.

5) Wenn

$$\{ \frac{\partial g(x,y)}{\partial y} - \frac{\partial f(x,y)}{\partial x} \} \frac{1}{2(xf(x,y) - yg(x,y))} = F(z); z=x^2+y^2$$

eine Funktion von $z = x^2 + y^2$ allein ist. (vgl. Aufg. 3,15).

Eine weitere Möglichkeit, die allgemeine Lösung der Differentialgleichung (3,14) anzugeben, bietet der folgende Satz.

Satz: Sind zwei verschiedene integrierende Faktoren
R(x,y) und r(x,y) der Differentialgleichung (3,14)
bekannt, so ist der Quotient

$\dfrac{R(x,y)}{r(x,y)}$

entweder eine Konstante oder eine Funktion H(x,y).
Setzt man die Funktion H(x,y) gleich einer Konstanten
C

$\dfrac{R(x,y)}{r(x,y)} = H(x,y) = C$

so wird dadurch das allgemeine Integral der Differentialgleichung (3,14) dargestellt. (Zum Beweis siehe
Aufg. 3,16, vgl. Aufg. 3,17).

Aufgabe 3,12: $(y+6x^2y)\,dx + (2x+4x^3)\,dy = 0$

Lösung: Wir multiplizieren die Differentialgleichung
mit R(y), einem integrierenden Faktor, der nur von y
abhängt.

$R(y)\{ (y+6x^2y)\,dx + (2x + 4x^3)\,dy\} = 0 \qquad (3,2o)$

Nach (3,19) erhalten wir für R(y) die Differentialgleichung

$\dfrac{dR(y)}{dy}(y+6x^2y) + R(y)(1+6x^2) = R(y)(2+12x^2)$

welche sich vereinfachen läßt zu

$y\,\dfrac{dR(y)}{dy} = R(y)$

Mithin ist R(y) = y ein integrierender Faktor und
(3,2o) ist dann eine totale Differentialgleichung.
Nach Aufgabe 3,1o ist ihre allgemeine Lösung
$xy^2 + 2x^3y^2 = C.$

Aufgabe 3,13: Die Differentialgleichung (3,14) besitzt einen nur von x abhängigen integrierenden Faktor R(x), wenn der Ausdruck

$\{ \dfrac{\partial g(x,y)}{\partial y} - \dfrac{\partial f(x,y)}{\partial x} \}\dfrac{1}{f(x,y)} = F(x) \qquad (3,21)$

eine Funktion F(x) von x allein ist.

Lösung: Wir gehen von (3,19) aus und beachten, daß
R(x) nicht von y abhängt. R(x) muß dann Lösung von

$$\frac{dR(x)}{dx} f(x,y) + R(x)\frac{\partial f(x,y)}{\partial x} = R(x)\frac{\partial g(x,y)}{\partial y}$$

sein. Bringen wir noch die R abhängigen Glieder auf
eine Seite, so entsteht

$$\frac{dR(x)}{R(x)} = \frac{1}{f(x,y)} \{\frac{\partial g(x,y)}{\partial y} - \frac{\partial f(x,y)}{\partial x}\} dx \qquad (3,22)$$

Ist nun die rechte Seite von (3,22) eine Funktion
F(x) von x allein, so sind die Variablen getrennt und
der integrierende Faktor R(x) kann durch eine einfache Quadratur gewonnen werden.

Aufgabe 3,14: 2 cos x sin y dx + cos y sin x dy = 0

Lösung: In unserer Bezeichnungsweise ist
    f(x,y) = cos y sin x ; g(x,y) = 2 cos x sin y
ferner

$$\frac{\partial g(x,y)}{\partial y} = 2\cos x\cos y \quad;\frac{\partial f(x,y)}{\partial x} = \cos y\cos x$$

Da der Ausdruck (3,21)

$$\{\frac{\partial g(x,y)}{\partial y} - \frac{\partial f(x,y)}{\partial x}\} \frac{1}{f(x,y)} = ctgx$$

eine Funktion von x allein ist, existiert ein nur von
x abhängiger integrierender Faktor R(x), den wir nach
(3,22) bestimmen

$$\frac{dR(x)}{R(x)} = ctg\ x\ dx \quad;\quad R(x) = \sin x$$

Die allgemeine Lösung unserer Differentialgleichung
finden wir durch die Integration

$$2 \int_o^x \cos x \sin x \sin y\ dx = \sin y\ \sin^2 x = C$$

Aufgabe 3,15: Man zeige, ist der Ausdruck

$$\{\frac{\partial g(x,y)}{\partial y} - \frac{\partial f(x,y)}{\partial x}\} \frac{1}{2(xf(x,y)-yg(x,y))} = F(x^2+y^2)$$

eine stetige Funktion $F(x^2+y^2)$, die nur von x^2+y^2 abhängt, so besitzt die Differentialgleichung $(3,14)$ einen integrierenden Faktor der Form

$$R(x^2+y^2) = e^{\int F(x^2+y^2)\, d(x^2+y^2)}$$

Lösung: Es sei $z = x^2+y^2$. Multiplizieren wir dann die Gleichung $(3,14)$ mit $R(z)$ und beachten die Bedingung $(3,19)$, so ergibt sich

$$\frac{dR(z)}{dz} 2xf(x,y)+R(z)\frac{\partial f(x,y)}{\partial x} =$$

$$= \frac{dR(z)}{dz} 2yg(x,y)+R(z) \frac{\partial g(x,y)}{\partial y}$$

und damit

$$\frac{1}{R}\frac{dR}{dz} = \{\frac{\partial g(x,y)}{\partial y} - \frac{\partial f(x,y)}{\partial x}\} \frac{1}{2(xf(x,y)-yg(x,y))}$$

Ist nun die rechte Seite eine Funktion $F(x^2+y^2)$ von x^2+y^2 allein, so gewinnen wir durch Integration sofort den oben angegebenen integrierenden Faktor.

Aufgabe 3,16: Man beweise den Satz von Seite 21.

Lösung: Die Funktionen $R(x,y)$ und $r(x,y)$ seien zwei voneinander verschiedene integrierende Faktoren der Differentialgleichung

$$f(x,y)\ dy + g(x,y)\ dx = 0 \qquad (3,23)$$

Ihre allgemeine Lösung für die integrierenden Faktoren $R(x,y)$ bzw. $r(x,y)$ sei mit $U(x,y) = C_1$ bzw. $u(x,y) = C_2$ bezeichnet. Somit stellen die Ausdrücke

$$du = r(x,y)\ \{f(x,y)\ dy + g(x,y)\ dx\}$$
$$dU = R(x,y)\ \{f(x,y)\ dy + g(x,y)\ dx\}$$

vollständige Differentiale dar, d.h. nach $(3,19)$ sind die folgenden Integrabilitätsbedingungen erfüllt.

$$f\frac{\partial r}{\partial x} + r\frac{\partial f}{\partial x} = g\frac{\partial r}{\partial y} + r\frac{\partial g}{\partial y} \qquad (3,24)$$

$$f\frac{\partial R}{\partial x} + R\frac{\partial f}{\partial x} = g\frac{\partial R}{\partial y} + R\frac{\partial g}{\partial y} \qquad (3,25)$$

Multiplizieren wir (3,24) mit (-R) und (3,25) mit r
und addieren anschließend, so ergibt sich

$$f \{r\frac{\partial R}{\partial x} - R\frac{\partial r}{\partial x}\} = g \{r\frac{\partial R}{\partial y} - R\frac{\partial r}{\partial y}\}$$

Nach Division durch r^2 finden wir

$$f\{\frac{1}{r}\frac{\partial R}{\partial x} - \frac{R}{r^2}\frac{\partial r}{\partial x}\} = g\{\frac{1}{r}\frac{\partial R}{\partial y} - \frac{R}{r^2}\frac{\partial r}{\partial y}\}$$

oder

$$f\frac{\partial H}{\partial x} = g\frac{\partial H}{\partial y} \qquad (3,26)$$

wobei wir in der letzten Gleichung die Abkürzung

$$\frac{R(x,y)}{r(x,y)} = H(x,y)$$

verwendet haben. Wir multiplizieren die Differential-
gleichung (3,23) mit $\frac{\partial H}{\partial y}$ und finden unter Berücksichtigung der Beziehung (3,26)

$$f(x,y)\{\frac{\partial H}{\partial y}dy+\frac{\partial H}{\partial x}dx\} = f(x,y)dH(x,y) = 0$$

Da $f(x,y) \neq 0$ ist, gilt $dH(x,y) = 0$. Folglich ist
$H(x,y) = C$
die allgemeine Lösung der Differentialgleichung
(3,23).

Aufgabe 3,17: $xdy - ydx = 0$
Durch Trennung der Variablen und Integration finden
wir sofort die allgemeine Lösung

$$y = cx$$

Andererseits sind die Funktionen

$$R(x) = \frac{1}{x^2} \quad \text{und} \quad r(y) = \frac{1}{y^2}$$

zwei voneinander verschiedene integrierende Faktoren
der Gleichung (3,27). Nach Aufgabe 3,16 gibt der Ausdruck

$$H(x,y) = \frac{R(x)}{r(y)} = \frac{y^2}{x^2} = \text{const} = c^2$$

oder

$$y = cx$$

ebenfalls die allgemeine Lösung an.

3e) Die lineare Differentialgleichung erster Ordnung

Eine Differentialgleichung m-ter Ordnung heißt linear, wenn sie linear in der abhängigen Veränderlichen und allen ihren Ableitungen ist. Z.B. ist

$$\sin x \cdot y'' + 3xy' + 2y = \cos x$$

eine lineare Differentialgleichung zweiter Ordnung,
während die Gleichung

$$xy'' + 3(y')^2 + y = 3$$

nicht linear ist, weil $(y')^2$ in ihr vorkommt. Eine
lineare Differentialgleichung erster Ordnung läßt
sich immer auf die Form bringen

$$y' + f(x)y = g(x) \tag{3,28}$$

Ist $g(x) \equiv 0$, so heißt (3,28) eine lineare homogene
Differentialgleichung erster Ordnung, ist $g(x) \neq 0$,
so spricht man von einer linearen inhomogenen Differentialgleichung erster Ordnung. Die Funktion $g(x)$
selbst wird in diesem Falle auch als Inhomogenität
der Differentialgleichung bezeichnet.

Für lineare Differentialgleichungen m-ter Ordnung
gilt der Satz (3,29):

36

Die allgemeine Lösung einer linearen Differentialgleichung m-ter Ordnung setzt sich zusammen aus der allgemeinen Lösung der homogenen
Differentialgleichung m-ter Ordnung plus einem
partikulären Integral der inhomogenen Differentialgleichung. (siehe Kapitel III,2)

Lösungsverfahren für die Differentialgleichung

$$y' + f(x) \, y = g(x) \qquad (3,28)$$

Zur Lösung dieser Differentialgleichung wenden wir
den Satz (3,29) an und lösen zunächst die homogene
Gleichung

$$y' + f(x) \, y = 0$$

Die Variablen lassen sich trennen

$$\frac{dy}{y} = - f(x) \, dx$$

und wir finden

$$y = C \, e^{-\int f(x) \, dx}$$

als allgemeine Lösung der homogenen Differentialgleichung. Zur Bestimmung einer partikulären Lösung der
inhomogenen Differentialgleichung (3,28) fassen wir
die Integrationskonstante C als eine Funktion von x
auf und verwenden den Lösungsansatz

$$y = C(x) \, e^{-\int f(x) \, dx} \qquad (3,30)$$

Wir führen y und

$$y' = \{C'(x) - C(x) \, f(x)\} \, e^{-\int f(x) \, dx}$$

in (3,28) ein und erhalten zur Berechnung der Funktion C(x) die Differentialgleichung

$$\frac{dC(x)}{dx} = g(x) \, e^{\int f(x) \, dx}$$

Ihre Lösung

$$C(x) = \int \{ g(x)\, e^{\int f(x)\, dx}\, dx \} + C_1$$

setzen wir in (3,3o) ein und gewinnen so die allgemeine Lösung der Differentialgleichung (3,28)

$$y = e^{-\int f(x)\, dx} \left(\int g(x)\, e^{\int f(x)\, dx}\, dx + C_1 \right) \quad (3,31)$$

Diese Lösung setzt sich offensichtlich zusammen aus der allgemeinen Lösung der homogenen Differentialgleichung

$$y_H = C_1\, e^{-\int f(x)\, dx}$$

plus einem partikulären Integral

$$y_p = e^{-\int f(x)\, dx} \int \{ g(x)\, e^{\int f(x)\, dx} \}\, dx$$

der inhomogenen Differentialgleichung. Obige Lösungsmethode geht auf Lagrange zurück und wird "Variation der Konstanten" genannt. (vgl. Abschnitt III,3). Weitere Lösungsmethoden für die lineare Differentialgleichung (3,28) bestehen in der Anwendung ihres nur von x abhängigen integrierenden Faktors

$$R(x) = e^{\int f(x)\, dx}$$

(vgl. Aufg. 3,25) und in der Verwendung des sogenannten Bernoullischen Lösungsansatzes (vgl. Aufg. 3,21)

$$y = u(x) \cdot v(x)$$

Sind zwei partikuläre Lösungen y_1 und y_2 der Differentialgleichung (3,28) bekannt, so lautet ihre allgemeine Lösung (vgl. Aufg. 3,24)

$$y = y_1 + C(y_1 - y_2)$$

Aufgabe 3,18: $\quad y' - 2\,\dfrac{y}{x} = \dfrac{x-1}{x}$

Die Lösung der homogenen Gleichung

$$y' = 2\,\frac{y}{x}$$

lautet $y = cx^2$. Um ein partikuläres Integral der inho-

38

mogenen Gleichung zu bestimmen, setzen wir

$$y = C(x)x^2$$

$$y' = C'(x) x^2 + 2x C(x)$$

Für $C(x)$ ergibt sich die Differentialgleichung

$$\frac{dC}{dx} = \frac{x-1}{x^3}$$

aus der sich die Funktion $C(x)$ zu

$$C(x) = \int \frac{dx}{x^2} - \int \frac{dx}{x^3} + C_1 = -\frac{1}{x} + \frac{1}{2x^2} + C_1$$

bestimmt. Mithin ist

$$y = C_1 x^2 - x + \frac{1}{2}$$

die gesuchte allgemeine Lösung.

Aufgabe 3,19: $y' - y = x - 1$

Lösung: Die homogene Gleichung $y' - y = 0$ besitzt die allgemeine Lösung $y = Ce^x$. Ferner ist $y = -x$ ein partikuläres Integral der inhomogenen Differentialgleichung. Ihre allgemeine Lösung ist also nach Satz (3,29)

$$y = Ce^x - x$$

Aufgabe 3,2o: $y' - 3y = 2 - 6x$

$y = Ce^{3x}$ ist die Lösung der homogenen Differentialgleichung. Durch Variation der Konstanten

$$y = C(x)e^{3x}$$

$$y' = e^{3x} \left(C'(x) + 3 C(x)\right)$$

finden wir für $C(x)$ die Differentialgleichung

$$dC = (2-6x) e^{-3x} dx$$

und daraus

$$C(x) = e^{-3x} \cdot 2x + C_1$$

Folglich lautet die gesuchte Lösung

$$y = C_1 e^{3x} + 2x$$

Aufgabe 3,21: Zeige: Die Differentialgleichung

$$y' + f(x)y = g(x)$$

läßt sich mit dem Bernoulli-Ansatz $y(x) = u(x)\ v(x)$ integrieren.

Lösung: Wir bilden

$$y' = uv' + vu'$$

und setzen y und y' in die Differentialgleichung ein und erhalten

$$uv' + v\left(u' + f(x)u\right) = g(x) \qquad (3,32)$$

Wir bestimmen die Funktion u(x) so, daß der Ausdruck in der eckigen Klammer verschwindet.

$$\frac{du}{u} = -f(x)\ dx \qquad u = \exp\{-\int f(x)\ dx\}$$

Für v(x) ergibt sich dann nach (3,32)

$$v = \int g(x)\ e^{\int f(x)\ dx}\ dx + C$$

und wir erhalten für y wieder (vgl. 3,31)

$$y = uv = e^{-\int f(x)dx}\{\int g(x)e^{\int f(x)dx}\ dx + C\}$$

Aufgabe 3,22: $y' + \frac{y}{x} = a$ \qquad a = const

Lösung: Wir wenden die Lösungsmethode von Aufgabe 3,21 an und setzen $y = u \cdot v$.

$$v'u + v\left(u' + \frac{u}{x}\right) = a$$

Für $u = 1/x$ verschwindet die eckige Klammer. Mithin ergibt sich für v(x)

$$v(x) = \int ax\ dx + C = \frac{a}{2}\ x^2 + C$$

und für y

$$y = u \cdot v = \frac{a}{2}\ x + \frac{C}{x}$$

Aufgabe 3,23: $y' + y\left(\frac{4}{x} + x\right) = -\frac{2}{x^3}$

Lösung: Der Bernoulli-Ansatz $y = uv$ führt zu der Differentialgleichung

$$uv' + v \left(u' + u \left(\frac{4}{x} + x \right) \right) = - \frac{2}{x^3}$$

Damit der Faktor bei v verschwindet, muß gelten

$$u' + u \left(\frac{4}{x} + x \right) = 0 \qquad u = \frac{1}{x^4} \exp\left(- \frac{x^2}{2} \right)$$

Damit ergibt sich für v

$$v(x) = -2 \int x \, e^{\frac{x^2}{2}} \, dx + C = - 2e^{\frac{x^2}{2}} + C$$

Folglich ist

$$y = uv = - \frac{2}{x^4} + \frac{C}{x^4} \, e^{- \frac{x^2}{2}}$$

Aufgabe 3,24: Sind zwei spezielle Lösungen der Differentialgleichung

$$y' + f(x) \, y = g(x) \tag{3,28}$$

bekannt, so findet man ihre allgemeine Lösung ohne Quadratur.

Lösung: Seien $y_1(x)$ und $y_2(x)$ die beiden speziellen Lösungen. Dann gilt

$$y_1' + f(x)y_1 = g(x)$$

$$y_2' + f(x)y_2 = g(x)$$

Durch Subtraktion findet man

$$\frac{d}{dx} (y_1 - y_2) + f(x)(y_1 - y_2) = 0$$

Mithin ist $y = (y_1 - y_2) \cdot C$ die allgemeine Lösung der homogenen Gleichung und deshalb

$$y = y_1 + C(y_1 - y_2)$$

die allgemeine Lösung von (3,28).

Aufgabe 3,25: Man löse die lineare Differentialgleichung erster Ordnung

$$y' + f(x) \, y = g(x) \tag{3,28}$$

indem man einen geeigneten integrierenden Faktor bestimmt.

Lösung: Zunächst formen wir die Differentialgleichung
um zu

$$dy + \{ f(x) \ y - g(x) \} \ dx = 0 \qquad (3,33)$$

Da der Ausdruck

$$\frac{\partial}{\partial y} \left(f(x)y - g(x) \right) = f(x)$$

eine Funktion von x allein ist, gibt es nach dem Ergebnis von Aufgabe 3,13 Gleichung (3,21) einen nur
von x abhängigen integrierenden Faktor $R(x)$. Wir multiplizieren die Gleichung (3,33) mit $R(x)$

$$R(x) \ dy + R(x) \ \left(f(x) \ y - g(x) \right) \ dx = 0 \qquad (3,34)$$

und erhalten unter Verwendung der Integrabilitätsbedingung (3,19) für $R(x)$ die folgende gewöhnliche Differentialgleichung

$$\frac{dR}{dx} = R(x) \ f(x)$$

Für $R(x)$ ergibt sich daraus

$$R(x) = e^{\int f(x) \ dx} \qquad (3,35)$$

Die Lösung der Differentialgleichung (3,34) finden
wir nun nach Gleichung (3,11a)

$$\int\limits_0^y R(x) \ dy - \int\limits_0^x R(x) \ g(x) \ dx = C$$

$$y = \frac{1}{R(x)} \ \{ C + \int\limits_0^x R(x)g(x)dx \}$$

Ersetzen wir $R(x)$ nach Gleichung (3,35), so erhalten
wir für die allgemeine Lösung der linearen Differentialgleichung (3,28) die Formel

$$y = e^{-\int f(x)dx} \ \left(C + \int \{ g(x) e^{\int f(x)dx} \} \ dx \right)$$

die mit der Gleichung (3,31) übereinstimmt.

3f) Die Differentialgleichung von Bernoulli

Die nichtlineare Differentialgleichung

$$y' + y\ f(x) = y^n g(x) \qquad (n \neq 1,\ \text{ganz}) \qquad (3,36)$$

oder

$$y^{-n} y' + y^{1-n} f(x) = g(x)$$

heißt Bernoullische Differentialgleichung. Sie läßt sich durch die Transformation

$$z = y^{1-n} \qquad \frac{dz}{dx} = y^{-n}(1-n)\ y' \qquad (3,37)$$

auf die lineare Differentialgleichung erster Ordnung zurückführen,

$$z' + (1-n)\ z \cdot f(x) = (1-n)\ g(x) \qquad (3,38)$$

welche nach den schon behandelten Methoden gelöst werden kann. Eine weitere Methode, die Bernoullische Differentialgleichung zu integrieren, besteht in der Anwendung des Bernoullischen Ansatzes. (vgl. Aufg. 3,27 und 3,28)

$$y = u(x)\ v(x)$$

Aufgabe 3,26: $\quad y' + y = y^4(2x - \frac{2}{3})$

Lösung: Wir bringen die Bernoullische Differential-gleichung auf die Form

$$y^{-4} y' + y^{-3} = 2x - \frac{2}{3} \qquad (3,39)$$

und führen die Transformation

$$z = y^{-3} \quad ; \quad z' = -3y^{-4}\ y'$$

durch. Das führt zu der linearen Differentialglei-chung erster Ordnung in z

$$z' - 3z = 2 - 6x$$

die wir schon in Aufgabe 3,20 gelöst haben. Die Lö-sung von (3,39) lautet:

$$z = \frac{1}{y^3} = C\ e^{3x} + 2x$$

Aufgabe 3,27: Die Bernoullische Differentialgleichung

$$y' + y\, f(x) = y^n g(x) \qquad\qquad n \neq 1$$

kann mittels des Bernoulli-Ansatzes

$$y(x) = u(x)\, v(x) \qquad\qquad (3,40)$$

integriert werden. Mit diesem Ansatz wird aus der Bernoullischen Differentialgleichung

$$u'v + u\left(v' + vf(x)\right) = u^n v^n\, g(x)$$

Wir bestimmen v so, daß der Ausdruck

$$v' + vf(x) = 0$$

$$v = e^{-\int f(x)dx}$$

und erhalten für u

$$\frac{du}{u^n} = g(x)\, \exp\{\, (1-n) \int f(x)\, dx\, \}\, dx$$

$$u^{1-n} = (1-n)\{\, e^{(1-n)\int f(x)dx}\, g(x)dx + C\,\}$$

Wir multiplizieren mit v^{1-n} und gewinnen die Lösung in der Form

$$y^{1-n} = (1-n)e^{(n-1)\int f(x)dx}\{\, e^{(1-n)\int f(x)dx}\, g(x)dx + C\,$$

Aufgabe 3,28: $\quad y' + \dfrac{y}{x} = x^2 y^2$

Wir wenden die Lösungsmethode von Aufgabe 3,27 an und setzen y = uv. Dadurch geht die Differentialgleichung über in

$$u'v + u\left(v' + \frac{v}{x}\right) = u^2 v^2 x^2$$

Der Ausdruck in der eckigen Klammer verschwindet für

$$v = \frac{1}{x}$$

Dann ergibt sich für u

$$\frac{du}{u^2} = v\, x^2 dx = x dx\, ;\, -\frac{1}{u} = \frac{1}{2}\, x^2 - \frac{C}{2}$$

Also ist

$$\frac{1}{y} = \frac{1}{2}\, x\, (C-x^2)$$

oder

$$y = \frac{2}{x(C-x^2)}$$

die verlangte Lösung.

3g) Die Differentialgleichung von Riccati

Die nichtlineare Differentialgleichung erster Ordnung

$$y' = y^2 f(x) + y\, g(x) + h(x) \qquad (3,41)$$

heißt Riccatische Differentialgleichung. Ihr allgemeines Integral ist eine gebrochen lineare Funktion der Integrationskonstanten C (vgl. Aufg. 3,36)

$$y(x) = \frac{C\alpha(x)+\beta(x)}{C\gamma(x)+\delta(x)} \quad ; \qquad \alpha\delta-\gamma\beta \neq 0 \qquad (3,42)$$

und läßt sich nur in besonderen Fällen durch bloße Quadraturen ausdrücken. Ist jedoch ein partikuläres Integral y_p der Riccatischen Differentialgleichung (3,41) bekannt, so können wir ihre allgemeine Lösung auffinden. Dazu setzen wir

$$y = y_p + \frac{1}{u(x)} \qquad (3,43)$$

und erhalten für $u(x)$ die lineare Differentialgleichung erster Ordnung

$$u' + u\,\{2y_p\, f(x) + g(x)\} + f(x) = o \qquad (3,44)$$

deren allgemeine Lösung nach Formel (3,31) lautet

$$u(x) = e^{-\int(2y_p f(x)+g(x))\,dx} \cdot$$
$$\qquad\qquad\qquad\qquad\qquad\qquad\qquad (3,45)$$
$$\cdot\{\ C - \int f(x) e^{\int(2y_p f(x)+g(x))\,dx}\,dx\ \}$$

Sind die beiden hierin enthaltenen Quadraturen ausgeführt, so ergibt sich die allgemeine Lösung der Riccatischen Gleichung nach Formel (3,43) (vgl. Aufg. 3,29 und 3,3o).

Statt der Substitution (3,43) kann man auch

$$y = y_p + u(x) \qquad (3,46)$$

setzen. Man gelangt dann zu einer Differentialgleichung vom Bernoullischen Typ, nämlich zu

$$u' = f(x) u^2 + u(2y_p f(x) + g(x))$$

Ist dann die Funktion $u(x)$ nach den Methoden des vorhergehenden Abschnitts 3f) ermittelt worden, so erhält man das allgemeine Integral nach $(3,46)$.
Wenn schon zwei partikuläre Integrale y_1 und y_2
der Riccatischen Differentialgleichung $(3,41)$ bekannt
sind, ist nur die eine Quadratur

$$u(x) = 1 + C e^{\int f(x)(y_1 - y_2)dx} \qquad (3,47)$$

erforderlich, um ihre allgemeine Lösung

$$y = y_2 + \frac{y_1 - y_2}{u(x)} \qquad (3,48)$$

auszurechnen. (vgl. Aufg. 3,32). Zum Beweis beachten
wir, daß uns mit den beiden partikulären Integralen
y_1 und y_2 wegen $(3,43)$ mit der Funktion

$$z(x) = \frac{1}{y_1 - y_2}$$

schon eine partikuläre Lösung der linearen Differentialgleichung $(3,44)$ vorliegt. D.h. es gilt

$$z' + z\{ 2y_p f(x) + g(x) \} = - f(x) \qquad (3,49)$$

Wir setzen nun

$$y = y_2 + \frac{1}{zu(x)}$$

und gelangen zu der Differentialgleichung

$$-u'z = u\{ z' + 2zy_2 f(x) + zg(x) \} + f(x)$$

die wir mit Rücksicht auf $(3,49)$ umformen können zu

$$\frac{du}{u-1} = \frac{f(x)}{z}$$

Wir integrieren und finden das Ergebnis von Gleichung
$(3,47)$.

Sind drei partikuläre Integrale y_1, y_2 und y_3 der
Riccatischen Differentialgleichung gegeben, so läßt

46

sich ihre allgemeine Lösung $y(x)$ ohne jede Integration nach der Formel

$$(\frac{y-y_1}{y-y_3})(\frac{y_2-y_3}{y_2-y_1}) = C \qquad (3,50)$$

berechnen (vgl. Aufg. 3,37).

Man erkennt unmittelbar, daß die Gleichung

$$\begin{vmatrix} y' & y^2 & y & 1 \\ y_1' & y_1^2 & y_1 & 1 \\ y_2' & y_2^2 & y_2 & 1 \\ y_3' & y_3^2 & y_3 & 1 \end{vmatrix} = 0$$

eine Riccatische Differentialgleichung festlegt, die die drei voneinander verschiedenen partikulären Lösungen y_1, y_2 und y_3 besitzt.

Zwischen den linearen Differentialgleichungen zweiter Ordnung und der Riccatischen Differentialgleichung besteht ein enger Zusammenhang. Ist nämlich $y(x)$ ein Integral der Riccatischen Differentialgleichung (3,41), so wird dieses durch die Transformation

$$u(x) = e^{-\int f(x)\, y(x)\, dx}$$

in ein Integral der linearen homogenen Differentialgleichung zweiter Ordnung

$$u''f(x) - \{f'(x) + f(x)\, g(x)\}\, u' + f^2(x)h(x)u = 0$$

überführt (vgl. Abschnitt III,8).

Aufgabe 3,29: $y' = \frac{y^2}{x^3} - \frac{y}{x} + 2x$

Ein partikuläres Integral der Riccatischen Differentialgleichung ist $y_p = x^2$. Wir setzen

$$y = x^2 + u^{-1}$$

und gelangen zu der linearen Differentialgleichung in u

$$u' + \frac{u}{x} = -\frac{1}{x^3}$$

deren Lösung

$$u = \frac{1}{x^2} + \frac{C}{x}$$

ist. Die allgemeine Lösung der Riccatischen Differentialgleichung lautet dann

$$y = x^2 + \frac{x^2}{1+Cx}$$

Aufgabe 3,30: $y' = \frac{2y^2}{x^3} + xy - x^3$

Ein partikuläres Integral ist $y_p = x^2$. Wir setzen

$$y = x^2 + \frac{1}{u}$$

und finden nach (3,44)

$$u' + u\left(\frac{4}{x} + x\right) = -\frac{2}{x^3}$$

eine lineare Differentialgleichung erster Ordnung, deren Lösung wir der Aufgabe 3,23 entnehmen können.

$$u = -\frac{2}{x^4} + \frac{C}{x^4}\, e^{-\frac{x^2}{2}}$$

Folglich lautet die gesuchte Lösung

$$y = x^2 + \frac{1}{u} = x^2 + x^4(C\exp(-x^2/2)-2)^{-1}$$

Aufgabe 3,31: Man löse die Riccatische Differentialgleichung

$$y' = x^2(y-1)^2 - \frac{1}{x}(y-1)$$

Lösung: Offensichtlich ist $y = 1$ ein partikuläres Integral. Wir wenden nach (3,46) die Substitution

$$y = 1 + u(x)$$

an und gelangen zu der Bernoullischen Differentialgleichung

$$u' = u^2 x^2 - \frac{1}{x} u$$

deren Lösung wir schon in Aufgabe 3,28 zu

$$u = \frac{2}{x(C-x^2)}$$

ermittelt haben. Die allgemeine Lösung der Riccatischen Gleichung lautet also

$$y = 1 + \frac{2}{x(C-x^2)}$$

Aufgabe 3,32: Man bestimme die allgemeine Lösung der Riccatischen Differentialgleichung

$$y' = x^2(y-1)^2 - \frac{1}{x}(y-1)$$

unter Verwendung der beiden partikulären Integrale

$$y_1 = 1 - \frac{2}{x^3} \quad \text{und} \quad y_2 = 1$$

(vgl. Aufg. 3,31).

Lösung: Wir bilden die Differenz

$$y_1 - y_2 = - \frac{2}{x^3}$$

und finden nach Gleichung (3,47)

$$u(x) = 1 + C\, e^{-\int x^2 \frac{2}{x^3}\, dx} = 1 + \frac{C}{x^2} = \frac{x^2+C}{x^2}$$

Die allgemeine Lösung ergibt sich dann nach Formel (3,48) zu

$$y = 1 - \frac{2}{x^3}\, \frac{x^2}{x^2+C} = 1 - \frac{2}{x}\, \frac{1}{(x^2+C)}$$

Ersetzen wir noch die Integrationskonstante C durch $-C_1$, so kommen wir auf die in Aufgabe 3,31 angegebene Form der Lösung.

Aufgabe 3,33: Die Riccatische Differentialgleichung

$$y' = y^2 f(x) + y\, g(x) + h(x) \qquad (3,51)$$

geht durch die Transformation der unabhängigen Veränderlichen

$$y = \frac{\alpha(x)z + \beta(x)}{\gamma(x)z + \delta(x)} \qquad (3,52)$$

wieder in eine Riccatische Differentialgleichung
über. Dabei sind $\delta(x)$, $\alpha(x)$, $\beta(x)$ und $\gamma(x)$ beliebige
differenzierbare Funktionen von x, die der Bedingung

$$\alpha(x)\delta(x) - \gamma(x)\beta(x) \neq 0 \qquad (3,53)$$

für alle betrachteten x genügen.

Lösung: Setzen wir y und y' in die Riccatische Differentialgleichung (3,51) ein, so erhalten wir

$$z'\{\alpha\delta-\beta\gamma\}+\underline{\{\gamma z+\delta\}\{\alpha'z+\beta'\}-\{\alpha z+\beta\}\{\gamma'z+\delta'\}} =$$
$$\qquad (3,54)$$
$$=\{\alpha z+\beta\}^2 f(x)+\{\gamma z+\delta\}\big(\{\alpha z+\beta\}g(x)+h(x)\{\gamma z+\delta\}\big)$$

wobei wir der Kürze halber die Ableitungen nach x
durch einen Strich angedeutet und die x-Abhängigkeit
der Funktionen α, β, γ und δ nicht explizit ange-
schrieben haben. Wegen der Bedingung (3,53) darf die
Gleichung (3,54) durch $(\alpha\delta-\beta\gamma)$ dividiert werden. Da
der unterstrichene Teil der Gleichung (3,54) und ihre
rechte Seite zusammen ein Polynom zweiten Grades in z
bilden, ist diese Gleichung wieder eine Differentialgleichung vom Riccatischen Typ.

Aufgabe 3,34: Die Riccatische Differentialgleichung
$$y' = y^2 f(x) + y\, g(x) + h(x) \;;\; f(x) \neq 0 \qquad (3,55)$$
kann durch die Transformation

$$y = \frac{z}{f(x)} \qquad (3,56)$$

auf die Form
$$z' = z^2 + z\,\{g(x) + \frac{f'(x)}{f(x)}\} + h(x)f(x) \qquad (3,57)$$

gebracht werden. Setzen wir nämlich y und die Ableitung

$$y' = \frac{1}{f^2} \{fz' - zf'\}$$

in $(3,55)$ ein, so ergibt sich

$$fz' - zf' = z^2 f + zgf + hf^2$$

Dividieren wir durch $f(x)$, so entsteht $(3,57)$. Die Transformation $(3,56)$ ist nur zulässig, solange $f(x)$ für die betrachteten x von Null verschieden ist.

Aufgabe 3,35: Die Riccatische Differentialgleichung

$$y' = y^2 + yg_1(x) + h_1(x) \qquad (3,58)$$

kann durch die Transformation

$$y = - \{z + \frac{1}{2} g_1(x)\} \qquad (3,59)$$

auf die Form

$$z' = -z^2 + R(x) \qquad (3,60)$$

gebracht werden.

Lösung: Setzt man $(3,59)$ in $(3,58)$ ein, so ergibt sich sofort $(3,60)$ mit

$$R(x) = \frac{1}{2} g_1'(x) - (\frac{g_1(x)}{2})^2 + h_1(x)$$

Eine Riccatische Differentialgleichung kann man also stets auf die Form $(3,60)$ bringen, indem man die beiden Transformationen $(3,56)$ und $(3,59)$ nacheinander ausführt.

Aufgabe 3,36: Die gebrochen rationale Funktion der willkürlichen Konstanten C

$$y = \frac{C\alpha(x)+\beta(x)}{C\gamma(x)+\delta(x)} \qquad \text{mit} \quad \alpha\delta - \gamma\beta \neq 0 \qquad (3,61)$$

ist die allgemeine Lösung einer Riccatischen Differentialgleichung. Zum Beweis lösen wir $(3,61)$ nach C auf

$$C = \frac{\beta(x) - y\delta(x)}{\gamma(x)y - \alpha(x)}$$

und erhalten durch Differentiation

$$0 = (\gamma y - \alpha)(\beta' - y'\delta - y\delta') - (\beta - y\delta)(\gamma' y + \gamma y' - \alpha')$$

Der letzte Ausdruck läßt sich auf die Form

$$y'(\alpha\delta - \beta\gamma) + y^2(\delta\gamma' - \gamma\delta') +$$

$$+ y(\alpha\delta' - \beta\gamma' + \gamma\beta' - \delta\alpha') + \alpha'\beta - \alpha\beta' = 0$$

d.h. auf eine Riccatische Differentialgleichung bringen.

Aufgabe 3,37: Man zeige: Das Doppelverhältnis von je vier verschiedenen Lösungen y_1, y_2, y_3 und y_4 der Riccatischen Differentialgleichung ist konstant.

$$\frac{y_4 - y_1}{y_4 - y_3} : \frac{y_2 - y_1}{y_2 - y_3} = C \qquad (3,62)$$

Lösung: Nach Formel (3,61) der vorhergehenden Aufgabe können wir die vier verschiedenen Lösungen der Riccatischen Gleichung in der Form schreiben

$$y_k = \frac{C_k \alpha + \beta}{C_k + \delta} = \frac{\alpha}{\gamma} - \frac{\alpha\delta - \beta\gamma}{\gamma(C_k\gamma + \delta)} \qquad (k=1,2,3,4)$$

Wir finden daraus

$$(y_k - y_j) = \frac{(\beta\gamma - \alpha\delta)(C_k - C_j)}{(C_k\gamma + \delta)(C_j\gamma + \delta)}$$

mit $(k,j = 1,2,3,4; \ k \neq j)$.

Setzen wir diese Ausdrücke in die linke Seite von (3,62) ein, so ergibt sich

$$\frac{y_4 - y_1}{y_4 - y_3} : \frac{y_2 - y_1}{y_2 - y_3} = \frac{C_4 - C_1}{C_4 - C_3} : \frac{C_2 - C_1}{C_2 - C_3} = \text{const} \qquad (3,63)$$

Hieraus folgt unmittelbar, daß sich die allgemeine Lösung einer Riccatischen Differentialgleichung nach

4*

Formel (3,5o) berechnen läßt, wenn drei verschiedene
partikuläre Integrale bekannt sind.

Einige weitere Riccatische Differentialgleichungen

1) $y' = -g'(x) y^2 + (yg(x)-1) f(x)$
Eine partikuläre Lösung ist $y = \frac{1}{g(x)}$

2) $y' = -y^2 + (xy-1) f(x)$
Diese Gleichung ist ein Spezialfall von 1). Man erhält sie aus 1) für $g(x) = x$. Für beliebige Funktionen $f(x)$ ist $y = 1/x$ eine partikuläre Lösung.

3) $y' = y^2 f(x) + \frac{G'(x)}{G(x)} y - f(x) G^2(x)$
Eine partikuläre Lösung ist $y = G(x)$

4) $y' = y^2 f(x) + \frac{y}{x} - x^2 f(x)$
Eine partikuläre Lösung ist $y = x$. Man erhält diese
Differentialgleichung aus 3) für $G(x) = x$.

3h) Transformation der Variablen

Läßt sich die Differentialgleichung
$$f(x,y) \, dy + g(x,y) \, dx = 0 \qquad (3,63)$$
keinem der bisher behandelten lösbaren Fälle zuord-
nen, so kann man versuchen, sie durch eine geeignete
Variablentransformation auf einen lösbaren Typ zu-
rückzuführen. Die Art der Transformation hängt von
der jeweiligen Differentialgleichung ab. Allgemeine
Transformationsregeln lassen sich nicht angeben. Im
folgenden soll durch einige Beispiele die Variablentransformation veranschaulicht werden.

Beispiele

Aufgabe 3,38: Sind die Funktionen $f(x,y)$ und $g(x,y)$

lineare Funktionen in x und y, so kann die Differentialgleichung (3,63) durch eine Transformation

$$x = \overline{x} + \xi \quad ; \quad y = \overline{y} + \eta \qquad (3,64)$$

in eine Differentialgleichung mit trennbaren Variablen überführt werden. Da f und g lineare Funktionen
in x und y sind, können wir (3,63) auch schreiben

$$(\alpha x + \beta y + \gamma) y' = ax + by + C \qquad (3,65)$$

Fall 1) Es sei $\alpha b - \beta a \neq 0$ und außerdem eine der beiden Konstanten γ, C von Null verschieden. Dann besitzen die beiden Geraden

$$\alpha x + \beta y + \gamma = 0 \quad \text{und} \quad ax + by + C = 0$$

einen Schnittpunkt, der die Koordinaten (r,s) habe.
Mit der Transformation

$$x = \overline{x} + r \quad ; \quad y = \overline{y} + s$$

geht dann die Differentialgleichung (3,65) über in
die bereits im Abschnitt 3b) behandelte Gleichung

$$\frac{d\overline{y}}{d\overline{x}} = \frac{a\overline{x} + b\overline{y}}{\alpha\overline{x} + \beta\overline{y}} = \frac{a + b(\overline{y}/\overline{x})}{\alpha + \beta(\overline{y}/\overline{x})} = F\left(\frac{\overline{y}}{\overline{x}}\right) \qquad (3,66)$$

Fall 2) Sei $\alpha b - \beta a \neq 0$ und $\gamma = C = 0$
dann sind die Funktionen

$$f(x,y) = \alpha x + \beta y \quad ; \quad g(x,y) = ax + by$$

homogene Funktionen vom Grade eins und (3,65) kann
ebenfalls auf die Form (3,66) gebracht werden.
Fall 3) Sei $\alpha b - \beta a = 0$; $\alpha \neq 0$. Dann gilt

$$\frac{ax+by+C}{\alpha x+\beta y+\gamma} = \frac{a}{\alpha} + \frac{B}{\alpha x+\beta y+\gamma}$$

mit B = const und (3,65) hat die Form

$$y' = h(\alpha x + \beta y + \gamma)$$

Substituieren wir $w(x) = \alpha x + \beta y + \gamma$, so erhalten wir die
Differentialgleichung

$$w'(x) = \alpha + \beta y' = \alpha + \beta h(w)$$

welche eine Trennung der Variablen zuläßt.

Aufgabe 3,39: $(x-3+y) y' = 4x - 1 + y \qquad (3,67)$

Lösung: Der Schnittpunkt der Geraden

$$x - 3 + y = 0 \quad \text{und} \quad 4x - 1 + y = 0$$

hat die Koordinaten $(-2/3; 11/3)$. Wir setzen

$$y = \bar{y} + \frac{11}{3} \quad ; \quad x = \bar{x} - \frac{2}{3} \tag{3,68}$$

und erhalten an Stelle von $(3,67)$ die Differential-gleichung

$$\bar{y}' = \frac{4\bar{x} + \bar{y}}{\bar{y} + \bar{x}} = \frac{4 + \bar{y}/\bar{x}}{1 + \bar{y}/\bar{x}} \tag{3,69}$$

welche die Form $\bar{y}' = F(\bar{y}/\bar{x})$ hat. Die Substitution $\bar{y} = \bar{x}z$ führt auf

$$\frac{(1+z)dz}{4-z^2} = \frac{3}{4}\frac{dz}{2-z} - \frac{1}{4}\frac{dz}{2+z} = \frac{d\bar{x}}{\bar{x}}$$

Durch Integration finden wir die Lösung

$$(2\bar{x}-\bar{y})^3 (2\bar{x}+\bar{y}) = C_1$$

Machen wir noch die Substitution $(3,68)$ rückgängig, so ergibt sich die allgemeine Lösung von $(3,67)$ zu

$$(2x-y+5)^3 (6x+3y-7) = C_2$$

Aufgabe 3,40: $x(y-2) = x^2 y' + (y-2)^2$

Lösung: Dividiert man die Differentialgleichung durch x^2 und setzt anschließend

$$y - 2 = xz \quad ; \quad y' = xz' + z$$

so entsteht

$$-\frac{dz}{z^2} = \frac{dx}{x}$$

Folglich ist $x = (y-2) \ln xc$ die gesuchte Lösung.

Aufgabe 3,41: $y' = (2x+5y+3)^2$

Lösung: Wir setzen $z = 2x + 5y + 3$; also $z' = 2+5y'$ und erhalten für z die Gleichung

$$z' - 2 = 5z^2$$

deren allgemeine Lösung lautet

$$z = 2x + 5y + 3 = \sqrt{\frac{2}{5}} \ tg \ (2\sqrt{\frac{5}{2}} \ x + C)$$

Aufgabe 3,42: $(x^2+y^2-a) \ yy' + x \ (x^2+y^2+a) = 0$ (3,7o)

Lösung: Hier führt die Substitution

$$x^2 + y^2 - a = z \ ; \ 2x + 2yy' = z' \quad (3,71)$$

zum Ziel. Dann ist

$$x^2 + y^2 + a = 2 + 2a \ ; \ 2yy' = z' - 2x \quad (3,72)$$

Setzen wir (3,71) und (3,72) in (3,7o) ein, so entsteht für z die Differentialgleichung

$$z \ d \ z = - 4 \ ax \ dx$$

Ihre Lösung ist

$$z^2 = (x^2+y^2-a)^2 = - 4ax^2 + 2C$$

Aufgabe 3,43: $yf(x \cdot y) \ dx + xg(x \cdot y) \ dy = 0$ (3,73)

Indem wir

$$y = \frac{z}{x}$$

und

$$dy = \frac{1}{x^2} \{xdz-zdx\}$$

in (3,73) einsetzen, erhalten wir

$$\frac{z}{x}f(z)dx + xg(z) \ \frac{xdz-zdx}{x^2} = 0$$

und damit in

$$\frac{dx}{x} = \frac{g(z)dz}{z\{g(z)-f(z)\}}$$

eine Differentialgleichung mit getrennten Variablen.

Aufgabe 3,44:

$$\{x^3y^2 + y(x^2+y^2)^2\} \ dx = \{x(x^2+y^2)^2-x^2y^3\}dy \quad (3,74)$$

Zur Lösung verwenden wir ebene Polarkoordinaten

$$x = r \cos \varphi \ ; \ y = r \sin \varphi$$

und bilden

$$dx = \cos \varphi \ dr - r \sin \varphi \ d\varphi$$
$$dy = \sin \varphi \ dr + r \cos \varphi \ d\varphi$$

56

Damit geht die Differentialgleichung (3,74) über in

$$\frac{dr}{r} = \frac{d\varphi}{\sin^2\varphi\cos^2\varphi}$$

Durch Integration ergibt sich

$$\ln Cr = \int \frac{d\varphi}{\sin^2\varphi} + \int \frac{d\varphi}{\cos^2\varphi} = tg\ \varphi - ctg\ \varphi$$

$$Cr = e^{tg\ \varphi - ctg\ \varphi}$$

Führen wir wieder x und y ein, so lautet die Lösung

$$C\sqrt{x^2+y^2} = e^{\frac{y}{x} - \frac{x}{y}}$$

Aufgabe 3,45: $2f(x)\ yy' + g(x)\ y^2 + h(x) = 0$
Die Substitution $z(x) = y^2$

$$z'(x) = 2yy'$$

führt auf die lineare Differentialgleichung erster
Ordnung

$$f(x)z' + g(x)z + h(x) = 0$$

3i) Isogonale Trajektorien

Die allgemeine Lösung

$$h(x,y) = C \qquad\qquad\qquad (3,75)$$

einer gewöhnlichen Differentialgleichung erster Ordnung

$$f(x,y)\ dy + g(x,y)\ dx = 0 \qquad\qquad (3,76)$$

stellt eine Beziehung zwischen den beiden Variablen
x und y und der Integrationskonstante C dar. Die Lösung (3,75) kann deshalb als eine einparametrige Kurvenschar in einer x,y-Ebene aufgefaßt werden. Der Anstieg der Kurven (3,75) ist in jedem Punkt x,y durch
die Differentialgleichung (3,76) festgelegt. Dabei
ist vorausgesetzt, daß die Funktionen $f(x,y)$ und
$g(x,y)$ in den betreffenden Punkten reelle Werte annehmen und daß außerdem $f(x,y) \neq 0$ ist. Die Integration der Differentialgleichung (3,76) kann also fol-

gendermaßen geometrisch gedeutet werden. Gesucht ist
eine ebene Kurvenschar $h(x,y) = C$, deren Anstieg in
jedem Punkt x,y durch eine vorgegebene Funktion

$$y' = - \frac{g(x,y)}{f(x,y)}$$

festgelegt ist. Die Kurven $(3,75)$ heißen deshalb auch
Integral- oder Lösungskurven der Differentialgleichung $(3,76)$.

Wir betrachten nun zwei einparametrige Kurvenscha-
ren

$$h_1(x,y,C_1) = 0 \quad ; \quad h_2(x,y,C_2) = 0 \qquad (3,77)$$

Werden sämtliche Kurven der Schar h_1 von allen Kurven
der Schar h_2 unter einem vorgegebenen Winkel φ ge-
schnitten, so heißt jede Kurve der einen Schar isogonale Trajektorie der anderen Schar. Ist der Winkel
$\varphi = \frac{\pi}{2}$ ein rechter, so heißen die Trajektorien orthogonale Trajektorien. Die iso- und orthogonalen Trajektorien einer vorgegebenen Kurvenschar können durch
Integration einer gewöhnlichen Differentialgleichung
ermittelt werden. Sei

$$h_1(x,y,C_1) = 0 \qquad (3,78)$$

eine gegebene Kurvenschar, deren isogonale Trajektorien bestimmt werden sollen. Zunächst bestimmen wir
die Differentialgleichung

$$F(x,y) = y' \qquad (3,79)$$

deren allgemeine Lösung die Schar $(3,78)$ ist. Dazu
eliminieren wir den Scharparameter C aus den Gleichungen

$$h_1(x,y,C_1)=0 \quad ; \quad \frac{\partial h_1}{\partial x} + \frac{\partial h_1}{\partial y}y'=0 \qquad (3,80)$$

Sei ferner

$$h_2(x,y,C_2) = 0 \qquad (3,81)$$

die gesuchte Schar der isogonalen Trajektorien. Ist

$$y' = tg \ \Psi = F(x,y)$$

der Anstieg der Kurven h_1 und bezeichnet

$$y_1' = tg \; \Psi_1$$

den Anstieg der gesuchten Trajektorien h_2, dann gilt
für den Schnittwinkel φ beider Scharen

$$tg \; \varphi = tg(\Psi_1 - \Psi) = \frac{tg\Psi_1 - tg\Psi}{1+tg\Psi tg\Psi_1} = \frac{y_1' - y'}{1+y'y_1'} =$$

$$= \frac{y_1' - F(x,y)}{1+F(x,y)y_1'} \tag{3,82}$$

Diese Gleichung ist die Differentialgleichung der gesuchten Schar isogonaler Trajektorien. Wir formen sie
um zu

$$1 + y'y_1' = ctg \; \varphi \{ y_1' - y'\} \tag{3,83}$$

und sehen, daß die Kurven (3,78) und (3,81) zueinander orthogonal sind, wenn ihre Steigungen der Beziehung

$$y_1' = - \frac{1}{y'} \tag{3,84}$$

genügen. Wir erhalten also die Differentialgleichung
der zu (3,78) orthogonalen Schar, indem wir in Gleichung (3,79) y' durch $-1/y'$ ersetzen.

Aufgabe 3,46: Man bestimme die orthogonalen Trajektorien von

$$y = \alpha \; x^2 \tag{3,85}$$

Lösung: Diese Gleichung stellt eine Schar von Parabeln dar, die alle den gleichen Scheitel und die
gleiche Achse haben. Wir bilden

$$y' = 2 \; \alpha \; x \tag{3,86}$$

und finden die Differentialgleichung der Kurvenschar
(3,86), indem wir den Scharparameter aus (3,85) und
(3,86) eliminieren.

$$2 \; y = y'x$$

Wir ersetzen y' durch $-1/y'$ und erhalten die Differentialgleichung der orthogonalen Trajektorien

2y dy = - x dx

aus der wir durch Integration

$$2y^2 + x^2 = C_1 \qquad C_1 > 0$$

finden. Das ist eine Schar konzentrischer Kreise, deren Mittelpunkt im Koordinatenursprung liegt.

Aufgabe 3,47: Man bestimme die Kurven, die zur Hyperbelschar orthogonal sind

$$xy = C \qquad (3,87)$$

Lösung: Die Differentialgleichung der Hyperbelschar lautet

$$y + xy' = 0$$

die der orthogonalen Trajektorien

$$yy' = x \qquad (3,88)$$

Wir finden

$$y^2 - x^2 = C_1$$

eine Schar gleichseitiger Hyperbeln, deren Asymptoten die Winkelhalbierenden $y = \pm\, x$ sind.

Aufgabe 3,48: Man bestimme die Schar isogonaler Trajektorien, die die Geradenschar

$$y = C\,x \qquad (3,89)$$

unter einem Winkel von 45° schneiden.

Lösung: Die Geraden (3,89) schneiden sich untereinander im Koordinatenanfang. Ihre Differentialgleichung lautet

$$y = xy'$$

Die Differentialgleichung der isogonalen Trajektorien, die mit den Geraden (3,89) einen Winkel von 45° einschließen, finden wir nach (3,82)

$$1 + y'\,\frac{y}{x} = y' - \frac{y}{x}$$

Sie läßt sich umformen zu

$$xdx + ydy = xdy - ydx \qquad (3,9o)$$

Ein integrierender Faktor ist

$$\frac{1}{x^2+y^2}$$

Denn

$$\frac{xdx+ydy}{x^2+y^2} = \frac{xdy-ydx}{x^2+y^2}$$

ist das totale Differential der Funktion

$$\ln (x^2+y^2) - \operatorname{arctg} \frac{y}{x} = \ln C_1 \qquad (3,91)$$

In diesem Fall ist es praktisch, die Lösung (3,91) in ebenen Polarkoordinaten darzustellen. Wir erhalten dann

$$\ln r = \varphi + \ln C_1 = \ln \{ C_1 e^{i\varphi} \}$$

oder

$$r = C_1 e^{i\varphi} \qquad (3,92)$$

Das ist die Gleichung einer logarithmischen Spirale, deren Lage vom Parameter C_1 abhängt.

Aufgabe 3,49: Man bestimme die zu den Kurven

$$y^2 = k^2(a^2-x^2) \qquad (3,93)$$

orthogonale Schar. Dabei bedeutet k eine Konstante und a^2 den Parameter. Welche Kurven werden durch die gegebene Gleichung dargestellt und welche Kurven ergeben sich für die orthogonalen Kurven im Falle k =1 und k=$\sqrt{2}$?

Lösung: Die Differentialgleichung der orthogonalen Schar ist

$$y' = \frac{y}{k^2 x} \qquad (3,94)$$

Sie hat die Lösungsschar

$$y = C x^{1/k^2} \qquad (3,95)$$

Die Kurven (3,93) stellen eine Schar ähnlicher Ellipsen mit den Halbachsen A = a und B = a|k| dar. Das

Verhältnis B/A hat den festen Wert $|\,k\,|$. Für $k = 1$ ist
die Schar $(3,95)$ die Schar der Geraden durch den
Nullpunkt, während $(3,93)$ die Schar der konzentri-
schen Kreise um den Nullpunkt darstellt. Für $k = \sqrt{2}$
stellt $(3,95)$ eine Schar von Parabeln dar.

4) Differentialgleichungen erster Ordnung und hö-
heren Grades

Eine Differentialgleichung erster Ordnung und
n-ten Grades hat die Form

$$\left(\frac{dy}{dx}\right)^n + f_1(x,y)\left(\frac{dy}{dx}\right)^{n-1} + \ldots + f_{n-1}(x,y)\frac{dy}{dx} + f_n(x,y) = 0 \qquad (4,1a)$$

Dabei sind die Funktionen f_1, f_2, $\ldots\ldots$, f_n beliebige
Funktionen von x und y. Mit der Abkürzung

$$\frac{dy}{dx} = y' = p$$

schreibt sich die Gleichung $(4,1a)$

$$p^n + f_1(x,y)p^{n-1} + \ldots + f_{n-1}(x,y) \cdot p + f_n(x,y) = 0 \qquad (4,1b)$$

Die Lösung dieser Gleichung findet man, indem man die
linke Seite von $(4,1b)$ als ein Polynom in p auffaßt
und in Linearfaktoren zerlegt.

$$\big(p - \varphi_1(x,y)\big)\big(p - \varphi_2(x,y)\big)\ldots\big(p - \varphi_n(x,y)\big) = 0 \qquad (4,2)$$

Sind die Lösungen

$$F_1(x,y,C) = 0; \quad F_2(x,y,C) = 0; \quad \ldots; \quad F_n(x,y,C) = 0$$

der n linearen Differentialgleichungen erster Ordnung

$$p = \varphi_1(x,y); \quad p = \varphi_2(x,y); \quad \ldots \quad ; p = \varphi_n(x,y) \qquad (4,3)$$

ermittelt, so ist das Produkt

$$F_1(x,y,C) \cdot F_2(x,y,C) \cdot \ldots \cdot F_n(x,y,C) = 0$$

die allgemeine Lösung der Differentialgleichung $(4,1)$
Man erkennt, daß durch jeden Punkt der Ebene n Integ-

ralkurven verlaufen, entsprechend dem Grad der Differe-
rentialgleichung. Oft ist es schwierig, die Differentialgleichung (4,1) in die Linearfaktoren (4,2) zu
zerlegen. Deswegen werden hier noch einige Fälle be-
handelt, in denen die Lösung auf andere Art ermittelt
werden kann.

4a) Die Differentialgleichung sei nach y auflösbar

In diesem Fall kann die Differentialgleichung
(4,1a) umgeschrieben werden zu

$$y = F(x,p) \quad ; \quad p = y' \qquad (4,4)$$

Differenziert man (4,4) nach x, so findet man in

$$y' = p = \frac{\partial F}{\partial x} + \frac{\partial F}{\partial p} p' = G(x,p,p') \qquad (4,5)$$

eine Differentialgleichung erster Ordnung zwischen x
und p und ersten Grades in bezug auf p'. In vielen
Fällen ist die Differentialgleichung (4,5) leichter
zu integrieren als die ursprüngliche Differentialgleichung (4,4). Hat man die Lösung von (4,5)

$$\varphi(x,p,C) = 0 \qquad (4,6)$$

ermittelt, so gelangt man zur gesuchten Lösung von
(4,4), indem man aus den Gleichungen (4,6) und (4,4)
p eliminiert.

1-ter Spezialfall zu 4a)

Wir betrachten die Differentialgleichung von
d'Alembert.

$$y = x \, \varphi(p) + f(p) \qquad (4,7)$$

Differentiation der Gleichung (4,7) nach x liefert

$$p = \varphi(p) + \left(x \frac{d\varphi}{dp} + \frac{df}{dp} \right) \frac{dp}{dx}$$

$$(p - \varphi(p)) \frac{dx}{dp} - x \frac{d\varphi}{dp} = \frac{df}{dp} \qquad (4,8)$$

Dies ist eine lineare Differentialgleichung erster
Ordnung in x, die nach den Methoden von Abschnitt 3e)
integriert werden kann.

2-ter Spezialfall zu 4a)

Aus der d'Alembertschen Differentialgleichung gewinnen wir für

$$\varphi(p) \equiv p$$

die sogenannte Clairautsche Differentialgleichung

$$y = xp + f(p) \qquad (4,9)$$

Indem wir $(4,9)$ nach x differenzieren, finden wir in

$$p'(x + \frac{df}{dp}) = 0 \qquad (4,1o)$$

eine Differentialgleichung, die offensichtlich die
Lösung

$$p' = 0 \quad ; \quad p = C$$

besitzt. Dann ist aber

$$y = x \cdot C + f(C) \qquad (4,11)$$

die allgemeine Lösung der Clairautschen Differentialgleichung.

Die Gleichung $(4,1o)$ ist auch erfüllt, wenn

$$x = - \frac{df}{dp} \qquad (4,12)$$

gilt. Aus $(4,9)$ und $(4,12)$ folgt dann

$$y = -p \frac{df}{dp} + f(p) \quad ; \quad x = - \frac{df}{dp} \qquad (4,13)$$

Die Gleichungen $(4,13)$ stellen ebenfalls eine Lösung
(ein partikuläres Integral) der Clairautschen Differentialgleichung $(4,9)$ dar. (in Parameterdarstellung
mit p als Parameter). Die Lösung $(4,13)$ kann nicht
aus der allgemeinen Lösung $(4,11)$ durch spezielle
Wahl der Konstanten C gewonnen werden. $(4,13)$ ist
eine singuläre Lösung der Clairautschen Differentialgleichung $(4,9)$. In Abschnitt 5 werden die singulären
Lösungen von Differentialgleichungen ausführlich be-

handelt.

3-ter Spezialfall zu 4a)

Die Differentialgleichung (4,4) enthalte x gar nicht. Dann ist (4,4) von der Form

$$y = F(p) \tag{4,14}$$

Durch Differentiation nach x erhalten wir

$$\frac{dy}{dx} = p = \frac{dF}{dp}\frac{dp}{dx}$$

$$x = \int \frac{dF}{dp}\frac{dp}{p} + C \tag{4,15}$$

Die Gleichungen (4,14) und (4,15) sind eine Parameter-darstellung der Lösung von (4,14) mit dem Parameter p.

4b) Die Differentialgleichung sei nach x auflösbar

In diesem Fall kann (4,1) auch

$$x = F(y,p) \tag{4,16}$$

geschrieben werden. Wir differenzieren (4,16) nach y und finden

$$\frac{dx}{dy} = \frac{1}{p} = \frac{\partial F}{\partial y} + \frac{\partial F}{\partial p}\frac{dp}{dy} = G\left(y,p,\frac{dp}{dy}\right) \tag{4,17}$$

$$\varphi(y,p,C) = 0 \tag{4,18}$$

sei die Lösung von (4,17).Wir erhalten dann die allgemeine Lösung von (4,16), indem wir aus (4,18) und (4,16) p eliminieren.

Spezialfall zu 4b)

Die Differentialgleichung (4,16) enthalte y gar nicht. Sie schreibt sich dann

$$x = F(p) \tag{4,19}$$

Durch Differentiation finden wir

dx = F'(p) dp

oder

$\qquad$ pdx = dy = F'(p) p dp $\qquad$ (4,2o)

$\qquad$ y = $\int$ F'(p)p dp + C $\qquad$ (4,21)

Die Gleichungen (4,19) und (4,21) sind eine Parameterdarstellung der Lösung von (4,19) mit p als Parameter.

Aufgabe 4,1: Die Differentialgleichung erster Ordnung und dritten Grades

$$p^3+p^2(2y+x-1)+p(2xy-2y-x) - 2xy = 0 \; ; \; p = y'$$

formen wir um zu

$$(p-1)(p+x)(p+2y) = 0$$

und haben die folgenden drei linearen Differentialgleichungen zu lösen

$$y' = 1 \; ; \quad y' = -x \; ; \quad y' + 2y = 0$$

$$y = x + C \; ; \quad y = - \frac{1}{2} x^2 + C \; ; \quad y = C \, e^{-2x}$$

Folglich lautet die allgemeine Lösung

$$(y-x-C)(y+ \frac{x^2}{2} -C)(y-Ce^{-2x}) = 0$$

Aufgabe 4,2:

$$p^4+p^3(y-2x-3)+p^2(6x-2xy-3y)+6xyp = 0 \; ; \; p = y'$$

Diese Differentialgleichung ist von erster Ordnung und vom Grade vier. Sie läßt sich umschreiben zu

$$p(p-3)(p-2x)(p+y) = 0$$

Es sind also die folgenden vier linearen Differentialgleichungen zu lösen

$$y' = 0 \; ; \; y' = 3 \; ; \; y' = 2x \; ; \; y' + y = 0$$

$$y = C \; ; \; y = 3x + C \; ; \; y = x^2 + C \; ; \; y = Ce^{-x}$$

Die allgemeine Lösung ist dann

$$(y-C)(y-3x-C)(y-x^2-C)(y-Ce^{-x}) = 0$$

5 Weizel, Differentialgleichungen

Aufgabe 4,3: Die allgemeine Lösung der Clairautschen Differentialgleichung

$$y = xy' + (y')^2 \qquad (4,22)$$

ist nach (4,11)

$$y = Cx + C^2 \qquad (4,23)$$

Eine weitere Lösung der Differentialgleichung (4,22) finden wir, wenn wir die Formeln (4,12) und (4,13) verwenden. Hier ist

$$f(p) = p^2 = (y')^2$$

also

$$x = -\frac{df}{dp} = -2p \quad ; \quad y = -p\frac{df}{dp} + f(p) = -p^2$$

$$y = -\frac{x^2}{4} \qquad (4,24)$$

Diese Lösung ist nicht in der Geradenschar (4,23) enthalten. Sie ist deshalb eine singuläre Lösung von (4,22).

Aufgabe 4,4: $y = x(\frac{p}{2} + \frac{1}{p}) + \frac{p^3}{6} - p \quad ; \quad p = y'$ (4,25)

ist eine d'Alembertsche Differentialgleichung. Differentiation nach x ergibt

$$p = \frac{1}{2}p + \frac{1}{p} + \left[x(\frac{1}{2} - \frac{1}{p^2}) + \frac{1}{2}p^2 - 1 \right]\frac{dp}{dx}$$

$$\frac{dx}{dp}(\frac{p}{2} - \frac{1}{p}) = (\frac{x}{p} + p)(\frac{p}{2} - \frac{1}{p}) \quad ; \quad \frac{dx}{dp} - \frac{x}{p} = p$$

eine lineare Differentialgleichung in x mit der Lösung

$$x = Cp + p^2 \qquad (4,26)$$

Wir setzen (4,26) in (4,25) ein und bekommen

$$y = \frac{1}{2}(c+p)(p^2+2) + \frac{1}{6}p^3 - p \qquad (4,27)$$

Die Gleichungen (4,26) und (4,27) geben eine Parameterdarstellung der Lösung von (4,25) an mit p als Parameter.

Aufgabe 4,5: $y = xp^2$; $y' = p$ (4,28)

Da $(4,28)$ schon nach y aufgelöst ist, haben wir es mit einer Differentialgleichung der Form $(4,4)$ zu tun. Wir differenzieren nach x und erhalten die lineare Differentialgleichung erster Ordnung

$$p' + \frac{p}{2x} = \frac{1}{2x} \qquad (4,29)$$

zu deren Lösung wir den Ansatz $p(x) = u(x)\,v(x)$ verwenden. Dann entsteht

$$u'v + u\left(v' + \frac{v}{2x} \right) = \frac{1}{2x}$$

Für $v = 1/\sqrt{x}$ verschwindet der Ausdruck in der eckigen Klammer, so daß sich für u ergibt

$$du = \frac{dx}{2\sqrt{x}} \quad ; \quad u = \sqrt{x} + C$$

Wir gelangen zur gesuchten Lösung über

$$p = u \cdot v = 1 + \frac{C}{\sqrt{x}}$$

$$y = xp^2 = x(1 + \frac{C}{\sqrt{x}})^2$$

Aufgabe 4,6: $y = x\,f(p)$; $p = y'$ (4,3o)

Durch Differentiation nach x ergibt sich

$$p = f(p) + xf'(p)\frac{dp}{dx} ; \frac{f'(p)dp}{p-f(p)} = \frac{dx}{x}$$

Also ist

$$x = Ce^{\int \frac{f'(p)dp}{p-f(p)}}$$

$$y = Cf(p)e^{\int \frac{f'(p)dp}{p-f(p)}}$$

eine Parameterdarstellung der Lösung mit p als Parameter.

Aufgabe 4,7: Die Differentialgleichung

$$y^2 + p^3(1-x) + p^2(x^2-x+y) + py(1-2x) = 0 \qquad (4,31)$$

läßt sich umformen zu

$$(y - px + p^2)(y - px + p) = 0$$

Jeder Faktor

$$y - px + p^2 = 0 \quad \text{und} \quad y - px + p = 0$$

stellt für sich eine Clairautsche Differentialgleichung dar. Die allgemeine Lösung von (4,31) ist dann

$$(y - Cx + C^2)(y - Cx + C) = 0$$

Aufgabe 4,8: Zur Bestimmung der allgemeinen Lösung
von

$$y = 3x^4 p^2 - xp \tag{4,32}$$

differenzieren wir nach x

$$p = 12x^3 p^2 + 6x^4 pp' - p - xp'$$

und formen um zu

$$(p'x + 2p)(6x^3 p - 1) = 0$$

Indem wir

$$p'x + 2p = 0$$

integrieren und die Lösung

$$p = \frac{C}{x^2}$$

in (4,32) einsetzen, finden wir als allgemeine Lösung

$$y = 3C^2 - \frac{C}{x}$$

Aufgabe 4,9: Die Differentialgleichung

$$y = y^2 p^2 + 3px \tag{4,33}$$

lösen wir nach x auf

$$x = \frac{y}{3} \left(\frac{1}{p} - yp \right)$$

und finden durch Differentiation nach y

$$\frac{dx}{dy} = \frac{1}{p} = \frac{1}{3} \left(\frac{1}{p} - \frac{y}{p^2} \frac{dp}{dy} - 2yp - y^2 \frac{dp}{dy} \right)$$

$$\left(y \frac{dp}{dy} + 2p \right)(1 + yp^2) = 0$$

Die Gleichung

$$y \frac{dp}{dy} + 2p = 0$$

besitzt die Lösung

$$p = \frac{C}{y^2} \qquad\qquad (4,35)$$

Setzen wir (4,35) in (4,33) ein, so ergibt sich

$$y^3 = C^2 + 3Cx$$

Aufgabe 4,10: Die Differentialgleichung

$$y = \ln p \qquad\qquad (4,36)$$

hat die Form (4,14)

$$y = F(p) \qquad\qquad (4,14)$$

Nach (4,15) wird dann

$$x = \int \frac{dp}{p^2} + C = -\frac{1}{p} + C \quad ; \quad p = \frac{1}{C-x}$$

Folglich ist

$$y = \ln p = -\ln (C-x)$$

Aufgabe 4,11: $\quad x = \ln p \qquad\qquad (4,37)$

Wir differenzieren nach y und finden der Reihe nach

$$\frac{dx}{dy} = \frac{1}{p} = \frac{1}{p} \frac{dp}{dy}$$

$$dy = dp \quad ; \quad y - C = p$$

Ersetzen wir p in (4,37), so wird

$$x = \ln(y-C) \quad ; \quad y = C + e^x \qquad\qquad (4,38)$$

Der folgende Weg führt schneller zum Ziel. Nach (4,37) ist

$$y' = e^x$$

Die Integration liefert sofort (4,38).

5) Singuläre Lösungen von Differentialgleichungen
   erster Ordnung. Doppelpunkte, Spitzen und Berührpunkte der Integralkurven.

Wir betrachten zunächst das Beispiel einer Clairautschen Differentialgleichung.

Aufgabe 5,1: $y = xp - \frac{p^2}{4} \quad ; \quad p = y' \qquad\qquad (5,1)$

70

Wir differenzieren nach x und finden

$$p'(x - \frac{p}{2}) = 0 \qquad (5,2)$$

Aus $p' = 0$ folgt $p = C$ und wir erhalten die allgemei-ne Lösung von (5,1)

$$y = x \cdot C - \frac{C^2}{4} \qquad (5,3)$$

welche eine Geradenschar darstellt. Die Differential-gleichung (5,2) wird aber auch erfüllt für

$$p = 2x$$

Damit finden wir nach (5,1)

$$y = x^2 \qquad (5,4)$$

Diese Parabel (5,4) ist ebenfalls eine Lösungskurve der Differentialgleichung (5,1), welche aber nicht aus der Geradenschar (5,3) gewonnen werden kann. Die Parabel (5,4) ist die singuläre Lösung der Clairaut-schen Differentialgleichung (5,1), sie stellt geome-trisch die Einhüllende (Enveloppe) der Geradenschar (5,3) dar (vgl. Fig. 2).

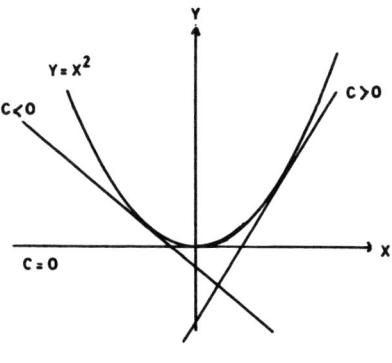

Fig. 2

Die Diskriminantengleichungen

Die singulären Lösungen von Differentialgleichun-

gen (Enveloppe) und die Art der singulären Punkte der Integralkurven können aus den "Diskriminantengleichungen" bestimmt werden.
Aus der Differentialgleichung

$$f(x,y,y') = f(x,y,p) = 0 \qquad (5,5)$$

und

$$\frac{\partial f}{\partial p} = 0 \qquad (5,6)$$

können wir durch Elimination von p eine Gleichung

$$D(x,y) = 0 \qquad (5,7)$$

gewinnen. Die Gleichung (5,7) heißt p-Diskriminantengleichung. Eine weitere Diskriminantengleichung kann aus der allgemeinen Lösung von (5,5)

$$g(x,y,C) = 0 \qquad (5,8)$$

und der Bedingung

$$\frac{\partial g}{\partial C} = 0 \qquad (5,9)$$

durch Elimination der Integrationskonstanten C aufgestellt werden. Diese sei

$$H(x,y) = 0 \qquad (5,1o)$$

sie heißt C-Diskriminantengleichung.

Aus den Diskriminantengleichungen (5,7) und (5,1o) erhält man die singulären Lösungen der Differentialgleichung (5,5) und den geometrischen Ort der singulären Punkte der Lösungskurven (5,8) nach folgendem Satz.

Satz: Die p-Diskriminantengleichung (5,7) enthält als Faktor:

1) Die Gleichung der Enveloppe einmal. Die Gleichung der Enveloppe ist Lösung der Differentialgleichung (5,5).

2) Die Gleichung der Kurve, auf der die Spitzen der Integralkurven (5,8) liegen, einmal. Diese Gleichung ist nur dann Lösung der Dif-

ferentialgleichung (5,5), wenn sie auch singuläre oder partikuläre Lösung der Differentialgleichung (5,5) ist.

3) Die Gleichung der Kurve, auf der die Berührpunkte der Integralkurven (5,8) liegen, zweimal. Diese Gleichung erfüllt die Differentialgleichung nur dann, wenn sie gleichzeitig singuläre oder partikuläre Lösung der Differentialgleichung ist.

Die C-Diskriminantengleichung (5,1o) enthält als Faktor:

1) Die Gleichung der Enveloppe der Kurvenschar (5,8) einmal.

2) Die Gleichung der Kurve, auf der die Spitzen der Kurvenschar (5,8) liegen, dreimal.

3) Die Gleichung der Kurve, auf der die Doppelpunkte der Integralkurven (5,8) liegen, zweimal. Diese Gleichung ist nur dann Lösung der Differentialgleichung (5,5), wenn sie gleichzeitig singuläre oder partikuläre Lösung von (5,5) ist.

Aufgabe 5,2: Die p-Diskriminantengleichung der quadratischen Gleichung in p

$$Ap^2 + Bp + C = 0 \qquad (5,11)$$

lautet

$$B^2 - 4A\,C = 0$$

Aufgabe 5,3: Man bestimme die allgemeine und singuläre Lösung von

$$(1+x)^3(1-x)(y')^2+(x^2+x-1)^2 = 0 \qquad (5,12)$$

Ferner ermittele man alle singulären Punkte der Integralkurven.

Lösung: Wir lösen (5,12) nach y' auf und erhalten

$$\pm y' = \frac{1-x-x^2}{(1+x)\sqrt{1-x^2}} = \frac{-x}{\sqrt{1-x^2}} + \frac{1}{(1+x)\sqrt{1-x^2}} \qquad (5,13)$$

Die Gleichung (5,13) läßt sich sofort integrieren.
Wir bekommen

$$\pm(y+C) = \sqrt{1-x^2} - \sqrt{\frac{1-x}{1+x}} = x\sqrt{\frac{1-x}{1+x}}$$

oder

$$g(x,y,C) = (1+x)(y+C)^2 + x^2(x-1) = 0 \qquad (5,14)$$

Kurven dritter Ordnung als Lösungsschar von (5,12).
Aus (5,14) erhalten wir die C-Diskriminantengleichung

$$H(x,y) = (1+x)(x-1)\,x^2 = 0 \qquad (5,15)$$

Ferner bestimmen wir die p-Diskriminantengleichung
aus der Differentialgleichung (5,12) zu

$$D(x,y) = (1+x)^3(1-x)(x^2+x-1)^2 = 0 \qquad (5,16)$$

Die beiden Diskriminantengleichungen enthalten den
Faktor

$$(1+x)(1-x) = 0 \qquad (5,17)$$

gemeinsam. Folglich besitzt die Kurvenschar (5,14)
die Enveloppe

$$x = \pm 1 \qquad (5,18)$$

Die Geraden (5,18) erfüllen auch die Differentialgleichung (5,12). Denn aus $x = \pm 1$ folgt

$$\frac{dx}{dy} = 0 \qquad (5,19)$$

und die Differentialgleichung (5,12) wird erfüllt,
wenn wir sie in der Form

$$(1+x)^3(1-x) + (x^2+x-1)^2 \left(\frac{dx}{dy}\right)^2 = 0 \qquad (5,2o)$$

schreiben. Die Gerade

$$x = 0 \qquad (5,21)$$

ist der geometrische Ort der Doppelpunkte der Kurvenschar (5,14). Denn der Faktor x tritt in der C-Diskriminantengleichung zweimal und in der p-Diskriminantengleichung gar nicht auf. Der geometrische Ort
der Berührpunkte der Integralkurven wird durch die

74

Gleichung

$$(1+x)(x^2+x-1) = 0 \qquad (5,22)$$

gegeben. Der Faktor $x^2 + x - 1$ tritt in der p-Diskriminantengleichung zweimal und in der C-Diskriminantengleichung gar nicht auf. Hingegen kommt der Faktor $x + 1$ in beiden Diskriminantengleichungen vor, in der p-Diskriminantengleichung dreimal und in der C-Diskriminantengleichung einmal. Da $x = -1$ auch Lösung der Differentialgleichung $(5,12)$ ist, bedeutet das, daß die Gerade

$$x = -1$$

sowohl Enveloppe als auch geometrischer Ort der Berührpunkte der Schar $(5,14)$ ist. Aus $(5,22)$ finden wir noch die Gerade

$$x = -\frac{1}{2} + \frac{\sqrt{5}}{2}$$

auf der sich je zwei Integralkurven der Schar $(5,14)$ berühren. Auf der zweiten Geraden

$$x = -\frac{1}{2} - \frac{\sqrt{5}}{2}$$

welche in $(5,22)$ enthalten ist, liegen überhaupt keine reellen Punkte der Lösungsschar $(5,14)$

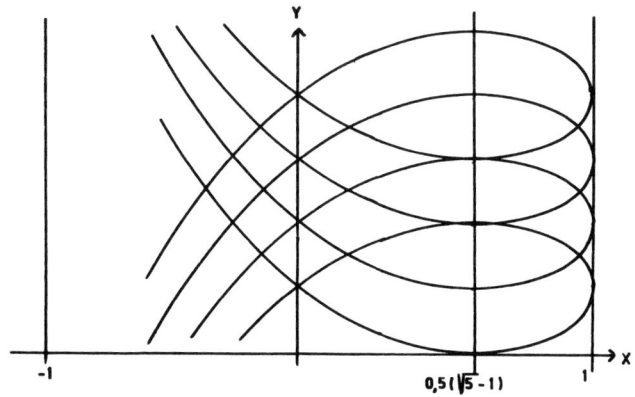

Fig. 3   Bild der Kurvenschar $(5,14)$

Aufgabe 5,4: Man bestimme alle Lösungen von

$$p^2(x^2-4) + x^2 = 0 \qquad (5,23)$$

ferner ermittele man die singulären Punkte der Integralkurven.

Lösung: Wir lösen (5,23) nach p auf

$$\pm p = \frac{x}{\sqrt{4-x^2}}$$

und gewinnen durch Integration die Kreisschar

$$\pm(y+C) = -\sqrt{4-x^2} \quad ; \quad (y+C)^2 + x^2 = 4 \qquad (5,24)$$

Die Kreise (5,24) haben einen Radius der Länge 2, ihre Mittelpunkte liegen auf der y-Achse. Wir bilden die C-Diskriminantengleichung

$$x^2-4 = 0$$

und die p-Diskriminantengleichung

$$x^2(x^2-4) = 0$$

Beide Diskriminantengleichungen enthalten den Faktor x^2-4. Folglich sind die Geraden

$$x = \pm 2 \qquad (5,25)$$

die Enveloppe der Kreisschar (5,24) (vgl. Fig. 4).

Das Geradenpaar (5,25) ist tatsächlich singuläre Lösung der Differentialgleichung (5,23), denn aus (5,25) folgt

$$\frac{dx}{dy} = 0$$

und die Differentialgleichung

$$(x^2-4) + x^2\left(\frac{dx}{dy}\right)^2 = 0$$

ist erfüllt. Da der Faktor x^2 nur in der p-Diskriminantengleichung vorkommt, liegen die Berührpunkte je zweier Kreise der Schar (5,24) auf der Geraden $x = 0$.

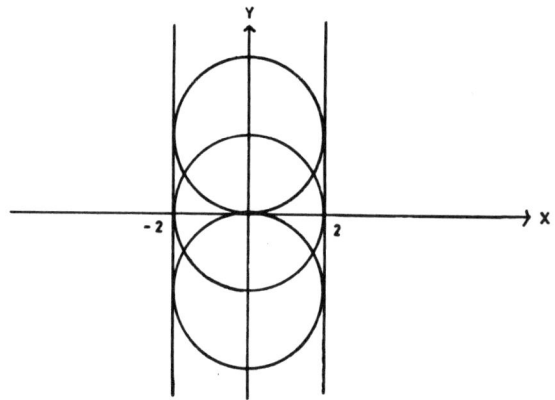

Fig. 4 Kurvenschar (5,24)

Aufgabe 5,5: Löse

$$(y-1)p^2 - 4 = 0 \qquad (5,26)$$

und bestimme die singulären Punkte der Integralkurven.

Lösung: Wir formen um zu

$$y - 1 = \frac{4}{p^2} \qquad (5,27)$$

und differenzieren nach x

$$p = -8 \frac{p'}{p^3}$$

Damit ergibt sich

$$x + C = -8 \int \frac{dp}{p^4} = \frac{8}{3} \frac{1}{p^3}$$

$$\sqrt[3]{3(x+C)} = \frac{2}{p} \qquad (5,28)$$

An Hand von (5,28) und (5,27) finden wir als Lösungsschar von (5,26)

$$9(x+C)^2 = (y-1)^3 \qquad (5,29)$$

Die p-Diskriminantengleichung lautet

$$y - 1 = 0$$

und die C-Diskriminantengleichung

$(y-1)^3 = 0$

Da $y = 1$ nicht Lösung von $(5,26)$ ist und der Faktor
$(y-1)$ in der p-Diskriminantengleichung einmal und in
der C-Diskriminantengleichung dreimal vorkommt, liegen auf der Geraden

$y = 1$

die Spitzen der Integralkurven (vgl. Fig. 5).

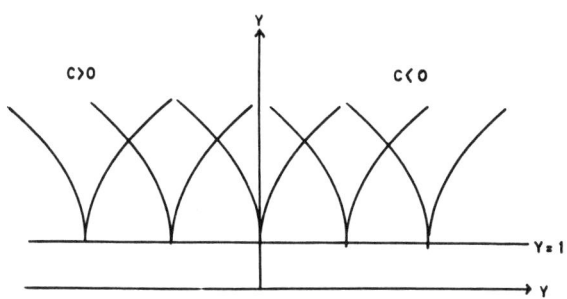

Fig. 5 Bild der Kurven $(5,29)$

Aufgabe 5,6: Die Differentialgleichung

$$y = xp + \frac{p}{p+1} \qquad (5,30)$$

ist eine Clairautsche, ihre allgemeine Lösung wird
durch die Geradenschar dargestellt

$$y = Cx + \frac{C}{C+1} \qquad (5,31)$$

Bei einer Clairautschen Differentialgleichung sind
die C- und p-Diskriminantengleichungen identisch.
Indem wir $(5,30)$ umschreiben zu der quadratischen
Gleichung in p

$$xp^2 + p(x-y+1) - y = 0 \qquad (5,32)$$

gelangen wir zu der Diskriminantengleichung

$$D(x,y) = (x-y+1)^2 + 4xy = 0 \qquad (5,33)$$

Durch sie wird die Enveloppe der Schar $(5,31)$ analy-
tisch beschrieben. Wir wollen noch nachprüfen, daß
$(5,33)$ tatsächlich Lösung der Differentialgleichung

(5,3o) ist. Dazu setzen wir

$$y' = p = -\frac{D_x}{D_y} = -\frac{x+y+1}{x+y-1}$$

in (5,32) ein.

$$x(x+y+1)^2-(x-y+1)\{(x+y)^2-1\}-y(x+y-1)^2 = 0 \quad (5,34)$$

und ordnen nach Potenzen von $(x+y)^2$. Das gibt

$$D(x,y) = (x+y)^2+ 2(x-y)+1 = 0$$

in Übereinstimmung mit (5,33).

Aufgabe 5,7: Die Differentialgleichung

$$f(x,y,p) = p^3-3x^2p + 4xy = 0 \quad (5,35)$$

lösen wir nach y auf

$$-4y = \frac{p^3}{x} - 3 xp$$

und differenzieren nach x

$$-4p = -\frac{p^3}{x^2} + \frac{3p^2p'}{x} - 3p - 3xp'$$

$$\frac{1}{x}(x^2-p^2)(3p' - \frac{p}{x}) = 0 \quad (5,36)$$

Aus

$$3p' = \frac{p}{x}$$

erhalten wir

$$p = C \sqrt[3]{x} \quad (5,37)$$

und damit nach (5,35) die allgemeine Lösung

$$x(C^3-3x \sqrt[3]{x} C + 4y) = 0 \quad (5,38)$$

Wir müssen die Gleichung (5,35) noch auf singuläre Lösungen untersuchen. Dazu bilden wir die p-Diskriminantengleichung, indem wir p aus den Gleichungen

$$3f - p \frac{\partial f}{\partial p} = 0 \quad ; \quad \frac{\partial f}{\partial p} = 0 \quad (5,39)$$

eliminieren. Nun ist

$$\frac{\partial f}{\partial p} = 3(p^2 - x^2) = 0 \qquad (5,40)$$

und

$$3f - p\frac{\partial f}{\partial p} = 6x(2y - xp) = 0$$

also

$$p = \frac{2y}{x}$$

Setzen wir das in $(5,40)$ ein, so erhalten wir für die p-Diskriminantengleichung

$$4y^2 - x^4 = 0 \qquad (5,41)$$

deren Lösungen

$$y = \pm\frac{x^2}{2}$$

singuläre Lösungen der Differentialgleichung $(5,35)$ sind. Die Integralkurven $(5,38)$ besitzen keine singulären Punkte, weil die C-Diskriminantengleichung mit $(5,41)$ übereinstimmt.

III Lineare Differentialgleichungen n-ter Ordnung

1) Definitionen

Eine Differentialgleichung der Gestalt

$$f_n(x)y^{(n)}+f_{n-1}(x)y^{(n-1)}+\ldots+f_1(x)y'+f_0(x)y \\ = F(x) \qquad (1,1)$$

heißt lineare Differentialgleichung n-ter Ordnung. Dabei bezeichnen die Koeffizienten $f_i(x)$ $(i=1,2,\ldots,n)$ und $F(x)$ vorgegebene in einem Intervall

$$a < x < b \qquad (1,2)$$

stetige Funktionen von x. Ferner sei vorausgesetzt, daß der Koeffizient $f_n(x)$ im Intervall $(1,2)$ nirgends verschwindet, d.h. daß die Differentialgleichung nach ihrer höchsten Ableitung $y^{(n)}$ aufgelöst werden kann.

Sind die Funktionen $f_i(x)$ Konstanten, so spricht man von einer <u>linearen Differentialgleichung mit konstanten Koeffizienten</u> (siehe Abschnitt 4,5). Die Funktion $F(x)$ heißt <u>Störfunktion</u> oder <u>Inhomogenität</u> der Differentialgleichung. Ist die Störfunktion $F(x)$ im Intervall $(1,2)$ identisch Null, $F(x) \equiv 0$, so heißt die Differentialgleichung $(1,1)$ <u>homogen</u>, anderenfalls wird die Differentialgleichung <u>inhomogen</u> genannt.

2) Die allgemeine Lösung einer linearen Differentialgleichung n-ter Ordnung

Wir betrachten die lineare homogene Differentialgleichung n-ter Ordnung

$$f_n(x)y^{(n)}+f_{n-1}(x)y^{(n-1)}+\ldots+f_1(x)y'+f_0(x)y=0 \quad (2,1a)$$

die wir kurz

$$\sum_{k=0}^{n} f_k(x)y^{(k)} = 0 \quad (2,1b)$$

schreiben. Jede homogene Differentialgleichung besitzt die triviale Lösung $y = 0$, von der wir im folgenden absehen. Offensichtlich ist mit $y_1(x)$ auch

$$y = Cy_1 \quad (2,2)$$

eine Lösung dieser Gleichung, wobei mit C eine beliebige Konstante bezeichnet ist. Sind y_1 und y_2 zwei spezielle Lösungen der homogenen Gleichung $(2,1)$, d.h. gilt

$$\sum_{k=0}^{n} f_k(x)y_1^{(k)}=0 \quad ; \quad \sum_{k=0}^{n} f_k(x)y_2^{(k)}=0 \quad (2,3)$$

so ist auch

$$y = C_1y_1 + C_2y_2$$

mit beliebigen Konstanten C_1 und C_2 eine Lösung. Es gilt nämlich, da endliche Summen gliedweise differenziert werden können

$$\sum_{k=o}^{n} f_k (C_1 y_1 + C_2 y_2)^{(k)} =$$

$$(2,5)$$

$$= C_1 \sum_{k=o}^{n} f_k(x) y_1^{(k)} + C_2 \sum_{k=o}^{n} f_k(x) y_2^{(k)} = 0$$

Man erkennt sofort die Gültigkeit des folgenden Satzes.

Satz: Sind m spezielle Lösungen $y_1, y_2, \ldots, y_m$ der linearen homogenen Differentialgleichung $(2,1)$ bekannt, dann stellt auch deren Linearkombination

$$y = C_1 y_1 + C_2 y_2 + \ldots + C_m y_m = \sum_{k=1}^{m} C_k y_k \qquad (2,6)$$

mit beliebigen Konstanten $C_k (k = 1, 2, \ldots, m)$ eine Lösung dieser Differentialgleichung dar.

Bevor wir uns der allgemeinen Lösung der homogenen Differentialgleichung $(2,1)$ zuwenden, müssen wir noch den Begriff der Wronskideterminante einführen.

Sind n Funktionen $y_1, y_2, \ldots, y_n$ gegeben, die sämtlich einschließlich ihrer Ableitungen bis zur $(n-1)$-ten Ordnung stetige Funktionen von x sind, so bezeichnet man die Determinante

$$W(x) = \begin{vmatrix} y_1 & y_2 & \cdots & y_n \\ y_1' & y_2' & \cdots & y_n' \\ y_1'' & y_2'' & \cdots & y_n'' \\ \vdots & & & \\ y_1^{(n-1)} & y_2^{(n-1)} & \cdots & y_n^{(n-1)} \end{vmatrix} \qquad (2,7)$$

als die Wronskideterminante dieser Funktionen. Es gilt dann der Satz:

Satz: Die Lösungen $y_i (i=1,2,\ldots,n)$ der linearen homogenen Differentialgleichung $(2,1)$ sind dann und nur dann linear abhängig, wenn die Wronskideterminante im Intervall $(1,2)$ an einer Stelle x_0 verschwindet.

<u>Beweis:</u> Wir nehmen an, die Funktionen $y_1, y_2, \ldots y_n$ seien im Intervall $(1,2)$ linear abhängig. Dann gilt dort für alle x

$$\alpha_1 y_1 + \alpha_2 y_2 + \ldots + \alpha_n y_n = 0 \tag{2,8}$$

wobei nicht alle Koeffizienten α_i verschwinden. Es sei etwa $\alpha_n \neq 0$. Wir können dann nach y_n auflösen

$$y_n = - \left(\frac{\alpha_1}{\alpha_n} y_1 + \frac{\alpha_2}{\alpha_n} y_2 + \ldots + \frac{\alpha_{n-1}}{\alpha_n} y_{n-1} \right) \tag{2,9a}$$

und finden für die Ableitungen von y_n

$$y_n' = - \left(\frac{\alpha_1}{\alpha_n} y_1' + \frac{\alpha_2}{\alpha_n} y_2' + \ldots + \frac{\alpha_{n-1}}{\alpha_n} y_{n-1}' \right)$$
$$\vdots \tag{2,9b}$$
$$y_n^{(n-1)} = - \left(\frac{\alpha_1}{\alpha_n} y_1^{(n-1)} + \frac{\alpha_2}{\alpha_n} y_2^{(n-1)} + \ldots + \frac{\alpha_{n-1}}{\alpha_n} y_{n-1}^{(n-1)} \right)$$

Multiplizieren wir nun die erste Spalte der Wronskischen Determinante $(2,7)$ mit $-\frac{\alpha_1}{\alpha_n}$, die zweite Spalte mit $-\frac{\alpha_2}{\alpha_n}$, usw. und die vorletzte Spalte mit $\frac{\alpha_{n-1}}{-\alpha_n}$ und addieren sie zu der letzten Spalte, so entstehen wegen der Beziehungen $(2,9)$ in der letzten Spalte lauter Nullen. Folglich ist $W(x) \equiv 0$. Zum Beweis der Umkehrung setzen wir voraus, daß an einer Stelle $x=x_0$ des Intervalls $(1,2)$ gilt $W(x_0)=0$. Wir betrachten dann das homogene Gleichungssystem

$$C_1 y_1(x_0) + C_2 y_2(x_0) + \ldots + C_n y_n(x_0) = 0$$

$$C_1 y_1'(x_0) + C_2 y_2'(x_0) + \ldots + C_n y_n'(x_0) = 0$$
$$\vdots$$
$$C_1 y_1^{(n-1)}(x_0) + C_2 y_2^{(n-1)}(x_0) + \ldots + C_n y_n^{(n-1)}(x_0) = 0$$

welches wegen $W(x_0) = 0$ eine nichttriviale Lösung C_j $(j=1,2,\ldots,n)$ besitzt. Die Funktion

$$y(x) = \sum_{j=1}^{n} C_j y_j(x)$$

stellt dann eine Lösung der Differentialgleichung
(2,1) dar mit der Eigenschaft, daß die Funktion $y(x)$
selbst und alle ihre Ableitungen bis zur Ordnung
$(n-1)$ an der Stelle $x = x_0$ verschwinden. Da nur die
triviale Lösung $y(x) = 0$ diese Eigenschaft aufweist,
gilt auch für alle x des Intervalls $(1,2)$

$$y(x) = \sum_{j=1}^{n} C_j y_j(x) = 0$$

wobei nicht alle C_j den Wert Null besitzen. Folglich
sind die Lösungen $y_j(x)$ im Intervall $(1,2)$ linear abhängig, und es gilt dort für alle x: $W(x) = 0$ (vgl.
Aufgabe 2,2; 2,3).

Ein beliebiges System $y_1, y_2, \ldots, y_n$ linear unabhän-
giger Lösungen der linearen homogenen Differentialgleichung (2,1) heißt ein Fundamentalsystem. Die
Wronskideterminante eines Fundamentalsystems ist für
alle x des Intervalls a<x<b von Null verschieden.

Es läßt sich zeigen, daß zu jeder linearen homogenen Differentialgleichung ein solches Fundamentalsystem existiert. Ferner gilt der Satz:
Satz: Bilden die Funktionen $y_1, y_2, \ldots, y_n$ ein Fundamentalsystem von Lösungen der Differentialgleichung (2,1)
so stellt die Linearkombination

$$y = c_1 y_1 + c_2 y_2 + \ldots + c_n y_n \qquad (2,10)$$

mit den n willkürlichen Konstanten C_j ihre allgemeine
Lösung dar.

Die allgemeine Lösung einer homogenen linearen
Differentialgleichung wird auch oft als komplementäre Funktion oder komplementäres Integral bezeichnet.
Jede spezielle Lösung der homogenen Differentialgleichung (2,1) kann aus der allgemeinen Lösung durch
spezielle Wahl der Konstanten C_j gewonnen werden.

6*

Daraus geht hervor, daß je n + 1 spezielle Lösungen einer homogenen linearen Differentialgleichung n-ter Ordnung linear abhängig sind.

Durch die Vorgabe eines Fundamentalsystems von Lösungen $y_1, y_2, \ldots, y_n$ ist genau eine lineare homogene Differentialgleichung n-ter Ordnung festgelegt, wobei der Koeffizient der höchsten Ableitung gleich Eins ist (vgl. Aufgabe 2,4).

Es soll nun die allgemeine Lösung der linearen inhomogenen Differentialgleichung n-ter Ordnung

$$f_n(x)y^{(n)} + f_{n-1}(x)y^{(n-1)} + \ldots + f_1(x)y' + f_0(x)y = F(x) \qquad (2,10a)$$

oder kurz

$$\sum_{k=0}^{n} f_k(x)y^{(k)} = F(x) \qquad (2,10b)$$

bestimmt werden. Es sei y_h die allgemeine Lösung der zu (2,10) gehörigen homogenen Gleichung. D.h. es gilt

$$\sum_{k=0}^{n} f_k(x)y_h^{(k)} = 0 \qquad (2,11)$$

Ferner sei mit y_p eine spezielle (partikuläre) Lösung der inhomogenen Gleichung (2,10) bezeichnet. Dann erfüllt die Summe

$$y = y_h + y_p \qquad (2,13)$$

die inhomogene Differentialgleichung, denn es gilt wegen (2,11)

$$\sum_{k=0}^{n} f_k(x)\{y_h + y_p\}^{(k)} = \sum_{k=0}^{n} f_k(x)y_h^{(k)} + \sum_{k=0}^{n} f_k(x)y_p^{(k)} =$$

$$= \sum_{k=0}^{n} f_k(x)y_p^{(k)} = F(x) \qquad (2,14)$$

Die Lösung (2,13) ist auch die allgemeine Lösung der linearen inhomogenen Differentialgleichung (2,10), denn die Differenz $y_1 - y_2$ je zweier spezieller Lösungen y_1 und y_2 der inhomogenen Gleichung

$$\sum_{k=o}^{n} f_k(x) y_1^{(k)} = F(x) \quad ; \quad \sum_{k=o}^{n} f_k(x) y_2^{(k)} = F(x)$$

ist wegen

$$\sum_{k=o}^{n} f_k(x)\{y_1 - y_2\}^{(k)} = \sum_{k=o}^{n} f_k(x) y_1^{(k)} - \sum_{k=o}^{n} f_k(x) y_2^{(k)} = 0$$

eine spezielle Lösung der zu (2,1o) gehörigen homogenen Differentialgleichung und deshalb schon in der
allgemeinen Lösung y_h der homogenen Gleichung enthalten.
Für lineare Differentialgleichungen gilt somit der
Satz:
Satz: Die allgemeine Lösung $y(x)$ einer inhomogenen
linearen Differentialgleichung setzt sich additiv zusammen aus der allgemeinen Lösung y_h der zugehörigen
homogenen Gleichung plus einem partikulären Integral
y_p der inhomogenen Differentialgleichung.

Aufgabe 2,1: Zeige
$$y'' + 3y' - 4y = 0 \qquad (2,15)$$
besitzt zwei linear unabhängige Lösungen der Form
$$y = e^{\lambda x} \qquad (2,16)$$
Lösung: Wir setzen (2,16) in (2,15) ein und erhalten
für λ die Gleichung
$$(\lambda - 1)(\lambda + 4) = 0$$
Dann sind aber
$$y_1 = e^x \quad \text{und} \quad y_2 = e^{-4x} \qquad (2,17)$$
partikuläre Integrale von (2,15). Die Lösungen (2,17)
sind auch linear unabhängig, denn die Wronski-Determinante

$$W = \begin{vmatrix} y_1 & y_2 \\ y_1' & y_2' \end{vmatrix} = \begin{vmatrix} e^x & e^{-4x} \\ e^x & -4e^{-4x} \end{vmatrix} = -5e^{-3x} \neq 0$$

ist von Null verschieden. Folglich ist die Linearkombination

$$y = C_1 e^x + C_2 e^{-4x}$$

das komplementäre Integral der Differentialgleichung
(2,15).

Aufgabe 2,2: Die Differentialgleichung

$$y''' - 4 \, tg \, x \left(1 + \frac{1}{1+3tg^2x} \right) y'' = 0 \qquad (2,18)$$

besitzt die Lösungen

$$y_1 = 1 \quad ; \quad y_2 = tg^2x \quad ; \quad y_3 = \frac{1}{cos^2x} \qquad (2,19)$$

Trotzdem ist

$$y = C_1 + C_2 \, tg^2x + C_3 \frac{1}{cos^2x}$$

nicht ihre allgemeine Lösung, denn die Wronskideterminante der Lösungen (2,19)

$$\begin{vmatrix} 1 & tg^2x & \frac{1}{cos^2x} \\ 0 & 2(tgx+tg^3x) & \frac{2sin\,x}{cos^3x} \\ 0 & 2(1+tg^2x)(1+3tg^2x) & 2\frac{1+2sin^2x}{cos^4x} \end{vmatrix} =$$

$$\frac{4(1+tg^2x)}{cos^3x} \begin{vmatrix} tg\,x & sin\,x \\ 1+3tg^2x & \frac{1+2sin^2x}{cos\,x} \end{vmatrix} =$$

$$= \frac{4(1+tg^2x)sin\,x}{cos^5x} \{1-cos^2x-sin^2x\} = 0$$

verschwindet identisch. Die lineare Abhängigkeit der
Lösungen (2,19) erkennt man sofort, wenn man beach-
tet, daß gilt

$$y_1 + y_2 = 1 + tg^2x = \frac{1}{cos^2x} = y_3$$

Eine weitere von y_1 und y_2 unabhängige Lösung ist $y_4 = x$. Folglich bilden die Funktionen $y = y_1$; $y=y_2$ und $y = y_4$ ein Fundamentalsystem der Differential-gleichung. Mithin lautet ihre allgemeine Lösung

$$y = c_1 + c_2 tg^2 x + c_3 x$$

Die allgemeine Lösung nimmt nur in solchen Punkten endliche Werte an, in denen der Koeffizient von y'' stetig ist. Weitere Fundamentalsysteme der homogenen Differentialgleichung $(2,18)$ sind beispielsweise

$$y_1 \ y_3 \ y_4 \quad oder \quad y_2 \ y_3 \ y_4$$

Die Wronskideterminante der Lösungen y_1, y_2 und y_4 lautet

$$\begin{vmatrix} 1 & tg^2 x & x \\ o & 2\,tg\,x(1+tg^2 x) & 1 \\ o & 2(1+tg^2 x)(1+3tg^2 x) & o \end{vmatrix} = -2(1+tg^2 x)(1+3tg^2 x)$$

und ist für alle x von Null verschieden.

Aufgabe 2,3: Mit $y_1, y_2, \ldots, y_n$ seien n Lösungen der homogenen linearen Differentialgleichung

$$\sum_{k=o}^{n} f_k(x) y^{(k)} = 0 \qquad (2,20)$$

bezeichnet, deren Wronskideterminante $W(x)$ an der Stelle x_0 des Intervalls $(1,2)$ den Wert Null annimmt. Man zeige, daß dann für alle x des Intervalls $(1,2)$ folgt $W(x) = 0$.

Lösung: Wir differenzieren die Wronskideterminante $W(x)$ nach x und finden

$$\frac{dW}{dx} = \begin{vmatrix} y_1 & y_2 & \cdots\cdots & y_n \\ y_1' & y_2' & \cdots\cdots & y_n' \\ \cdot & & & \\ \cdot & & & \\ \cdot & & & \\ y_1^{(n-2)} & y_2^{(n-2)} & \cdots\cdots & y_n^{(n-2)} \\ y_1^{(n)} & y_2^{(n)} & \cdots\cdots & y_n^{(n)} \end{vmatrix}$$

Multiplizieren wir die erste Zeile dieser Determinante mit $f_0(x)/f_n(x)$, die zweite mit $f_1(x)/f_n(x)$ usw. und schließlich die vorletzte Zeile mit $f_{n-2}(x)/f_n(x)$ und addieren alle diese Zeilen zur letzten, so entsteht unter Berücksichtigung von Gleichung (2,2o)

$$\frac{dW}{dx} = - \frac{f_{n-1}(x)}{f_n(x)} W \qquad (2,21)$$

Das ist eine lineare homogene Differentialgleichung für $W(x)$ mit der allgemeinen Lösung

$$W(x) = W(x_0)e^{-\int_{x_0}^{x} \frac{f_{n-1}(x)}{f_n(x)} dx}$$

Hierbei ist $W(x_0)$ der Wert von $W(x)$ an der Stelle $x = x_0$. Ist also $W(x)$ an irgendeiner Stelle x_0 im Intervall $a < x < b$ Null, so gilt im ganzen Intervall $W(x) = 0$. Umgekehrt ist $W(x)$ für alle x des Intervalls $(1,2)$ von Null verschieden, wenn $W(x)$ nur an einer Stelle innerhalb des Intervalls von Null verschieden ist. Aus Gleichung (2,21) folgt, daß eine Differentialgleichung n-ter Ordnung, in der die zweithöchste Ableitung verschwindet, eine konstante Wronskideterminante besitzt.

Aufgabe 2,4: Man zeige: Besitzen die beiden linearen homogenen Differentialgleichungen n-ter Ordnung

$$y^{(n)} + a_1(x)y^{(n-1)} + a_2(x)y^{(n-2)} + \ldots + a_n(x)y = 0 \qquad (2,22)$$

$$y^{(n)}+\bar{a}_1(x)y^{(n-1)}+\bar{a}_2(x)y^{(n-2)}+\ldots+\bar{a}_n(x)y=0$$

ein gemeinsames Fundamentalsystem $(y_1,y_2,\ldots,y_n)$, so sind sie identisch; d.h. es gilt für $(j=1,2,\ldots,n)$

$$a_j(x) = \overline{a_j(x)}$$

Lösung: Wir subtrahieren die beiden Differentialglei-chungen voneinander und erhalten die Differential-gleichung $(n-1)$ter Ordnung

$$(a_1-\bar{a}_1)y^{(n-1)}+(a_2-\bar{a}_2)y^{(n-2)}+\ldots+(a_n-\bar{a}_n)y=0 \quad (2,23)$$

Gilt nun nicht $a_1 = \bar{a}_1$, so gibt es wegen der voraus-gesetzten Stetigkeit der Koeffizienten ein Intervall $\alpha<x<\beta$, in welchem überall $a_1 - \bar{a}_1 \neq 0$ ist. In Glei-chung $(2,23)$ haben wir somit eine Differentialglei-chung $(n-1)$ter Ordnung gefunden, die offensichtlich dieselben Lösungen wie die Gleichung $(2,22)$ hat. Da aber die Gleichung $(2,23)$ nur $(n-1)$ linear unabhängi-ge Lösungen besitzen kann, können ihre Lösungen $(y_1,y_2,\ldots,y_n)$ entgegen der Annahme kein Fundamental-system darstellen. Mithin muß identisch gelten

$$a_1(x) = \bar{a}_1(x)$$

Entsprechend kann gezeigt werden, daß dann auch für alle Indizes j gilt

$$a_j(x) = \bar{a}_j(x)$$

Folglich sind die beiden Differentialgleichungen $(2,22)$ identisch.

Hieraus ergibt sich sofort, daß durch die Vorgabe eines Fundamentalsystems $(y_1,y_2,\ldots,y_n)$ eine lineare homogene Differentialgleichung n-ter Ordnung eindeu-tig festgelegt ist, sofern der Koeffizient der höch-sten Ableitung Eins ist.

90

3) Bestimmung eines partikulären Integrals einer linearen inhomogenen Differentialgleichung durch Variation der Konstanten

Von der linearen Differentialgleichung

$$\frac{d^n y}{dx^n} + f_{n-1}(x)\frac{d^{n-1}y}{dx^{n-1}} +\ldots+ f_1(x)\frac{dy}{dx} + f_o(x)y = F(x) \qquad (3,1)$$

sei das komplementäre Integral

$$y = C_1 y_1(x) + C_2 y_2(x)+\ldots+ C_n y_n(x) \qquad (3,2)$$

bekannt. Dann kann ein partikuläres Integral der inhomogenen Gleichung durch Variation der Konstanten ermittelt werden. D.h. es existieren n Funktionen $C_1(x)$ bis $C_n(x)$ derart, daß

$$y = C_1(x)y_1(x) + C_2(x)y_2(x)+\ldots+C_n(x)y_n(x) \qquad (3,3)$$

eine Lösung der inhomogenen Gleichung (3,1) ist. Es läßt sich zeigen, daß (3,3) genau dann Lösung von (3,1) ist, wenn die Ableitungen der Funktionen $C'_j(x)(j=1,2,\ldots n)$ den n Bedingungen

$$C'_1(x)y_1(x)+C'_2(x)y_2(x)+\ldots+C'_n(x)y_n(x) = 0$$

$$C'_1(x)y'_1(x)+C'_2(x)y'_2(x)+\ldots+C'_n(x)y'_n(x) = 0$$

$$\vdots \qquad\qquad\qquad\qquad\qquad\qquad (3,4)$$

$$C'_1(x)y_1^{(n-2)}(x)+C'_2(x)y_2^{(n-2)}(x)+\ldots+C'_n(x)y_n^{(n-2)}(x) = 0$$

$$C'_1(x)y_1^{(n-1)}(x)+C'_2(x)y_2^{(n-1)}(x)+\ldots+C'_n(x)y_n^{(n-1)}(x) = F(x)$$

genügen. Aus dem Gleichungssystem (3,4) können die Funktionen $C'_j(x)$ $(j=1,2,\ldots n)$ eindeutig bestimmt werden, denn die Koeffizientendeterminante von (3,4) stimmt mit der Wronski-Determinante

$$W(x)=\begin{vmatrix} y_1 & y_2 & \ldots & y_n \\ \vdots & & & \\ y_1^{(n-1)} & y_2^{(n-1)} & \ldots & y_n^{(n-1)} \end{vmatrix} \neq 0 \qquad (3,5)$$

des Fundamentalsystems $y_j(x)$ $(j=1,2,\ldots n)$ der homogenen Differentialgleichung überein und ist deshalb von Null verschieden.

Nach der Cremerschen Regel finden wir

$$C_j'(x) = \frac{\Delta_j(x)}{W(x)} F(x) \qquad (j=1,2,\ldots,n) \qquad (3,6)$$

wobei $\Delta_j(x)$ die Unterdeterminante zum Element $y_j^{(n-1)}$ aus (3,5) ist. Durch Integration finden wir die Funktionen $C_j(x)$

$$C_j(x) = \int \frac{\Delta_j(x)}{W(x)} F(x)\,dx \qquad (j=1,2,\ldots,n)$$

Aufgabe 3,1: $\quad x^2 y'' - xy' = 5\,x^3 + x \qquad (3,7)$

Die homogene Differentialgleichung

$$x^2 y'' - xy' = 0$$

besitzt die allgemeine Lösung

$$y = C_1 y_1 + C_2 y_2 = C_1 + C_2 x^2$$

Ein partikuläres Integral bestimmen wir durch Variation der Konstanten.

$$y = C_1(x) + C_2(x)\cdot x^2$$

wobei die Funktionen $C_1(x)$ und $C_2(x)$ nach (3,4) den Bedingungsgleichungen

$$\begin{aligned} C_1'(x) + C_2'(x)\cdot x^2 &= 0 \\ C_2'(x)\cdot 2x &= 5x + \frac{1}{x} \end{aligned} \qquad (3,8)$$

genügen müssen. (Man beachte, daß die Gleichungen (3,4) nur unter der Voraussetzung gelten, daß die Differentialgleichung in der Form (3,1) vorliegt. D.h. der Koeffizient der höchsten Ableitung muß 1 sein. Die Differentialgleichung (3,7) muß, bevor die Gleichungen (3,8) aufgestellt werden, durch x^2 dividiert werden.) Wir finden aus (3,8)

$$C_1(x) = -\frac{5}{6}x^3 - \frac{1}{2}x \quad ; \quad C_2(x) = \frac{5}{2}x - \frac{1}{2x}$$

92

$$y = \frac{5}{3} x^3 - x$$

ist folglich ein partikuläres Integral und

$$y = C_1 + C_2 x^2 + \frac{5}{3} x^3 - x$$

die gesuchte allgemeine Lösung.

Aufgabe 3,2: Die komplementäre Funktion der Differentialgleichung

$$y'' + 2y' + y = e^{-x}$$

lautet

$$y = (C_1 + C_2 x)e^{-x}$$

Zur Bestimmung eines partikulären Integrals setzen wir

$$y = \{ C_1(x) + C_2(x) \cdot x \} \, e^{-x}$$

wobei die Funktionen $C(x)$ die Gleichungen

$$C_1'(x) + C_2'(x) \cdot x = 0 \qquad -C_1'(x) + C_2'(x)(1-x) = 1$$

befriedigen müssen. Wir finden daraus

$$C_1(x) = -\frac{1}{2}x^2 \quad ; \quad C_2(x) = x$$

und damit die allgemeine Lösung

$$y = (C_1 + C_2 x + \frac{1}{2}x^2)e^{-x}$$

4) Lineare homogene Differentialgleichungen mit konstanten Koeffizienten

Wir betrachten die lineare homogene Differentialgleichung n-ter Ordnung

$$a_n y^{(n)} + a_{n-1} y^{(n-1)} + \ldots + a_1 y' + a_0 y = 0 \; ; \; a_n \neq o \qquad (4,1)$$

deren Koeffizienten a_o; a_1; a_2;...a_n sämtlich konstant sein mögen. Um partikuläre Integrale zu bestimmen, gehen wir mit dem Ansatz

$$y = e^{\lambda x} \qquad (4,2)$$

in $(4,1)$ ein und erhalten zur Berechnung von λ eine Gleichung n-ten Grades

$$a_n\lambda^n + a_{n-1}\lambda^{n-1} + \ldots + a_1\lambda + a_o = 0 \qquad (4,3)$$

die sogenannte <u>charakteristische Gleichung</u> der Differentialgleichung $(4,1)$; die wir uns in Linearfaktoren zerlegt denken.

$$a_n(\lambda-\alpha_1)(\lambda-\alpha_2)\ldots\ldots(\lambda-\alpha_n) = 0 \qquad (4,4)$$

Sind die Wurzeln $\alpha_j (j= 1,2,\ldots n)$ alle untereinander verschieden, so besitzt die lineare Differentialglei-'chung $(4,1)$ n linear unabhängige Lösungen der Form

$$y_j = e^{\alpha_j x} \qquad (j = 1,2,\ldots,n)$$

In diesem Fall ist ihre allgemeine Lösung

$$y = \sum_{i=1}^{n} C_i e^{\alpha_i x}$$

Sind hingegen die Wurzeln α_j der charakteristischen Gleichung $(4,4)$ nicht alle untereinander verschieden, so bestimmt sich die allgemeine Lösung der Differentialgleichung $(4,1)$ folgendermaßen:

Jeder einfachen reellen Wurzel $\lambda = \alpha$ der charakteristischen Gleichung entspricht eine Lösung

$$y = e^{\alpha x} \qquad (4,4a)$$

Jeder reellen Wurzel $\lambda = \alpha$, die von k-ter Ordnung angenommen wird, entsprechen die k Lösungen (vgl. Aufg. 4,4)

$$e^{\alpha x}; \; xe^{\alpha x}; \; x^2 e^{\alpha x}; \; \ldots; \; x^{k-1}e^{\alpha x} \qquad (4,4b)$$

Jedem Paar konjugiert komplexer Wurzeln $\lambda = \alpha\pm i\beta$ entsprechen die Lösungen (vgl.Aufg. 4,9)

$$e^{\alpha x}\cos \beta x \; ; \; e^{\alpha x}\sin \beta x \qquad (4,4c)$$

Jedem Paar konjugiert komplexer Wurzeln $\lambda = \alpha\pm i\beta$ der Vielfachheit k entsprechen die 2k Lösungen (vgl.Aufg.

4,12)

$$e^{\alpha x}\cos\beta x; \quad xe^{\alpha x}\cos\beta x; \quad x^2 e^{\alpha x}\cos\beta x; \quad \ldots; x^{k-1}e^{2x}\cos\beta x$$

$$e^{\alpha x}\sin\beta x; \quad xe^{\alpha x}\sin\beta x; \quad x^2 e^{\alpha x}\sin\beta x; \quad \ldots; x^{k-1}e^{\alpha x}\sin\beta x \quad (4,4d)$$

Da alle Funktionen (4,4a) bis (4,4d) linear unabhängig sind, stellt eine beliebige Linearkombination aller auftretenden partikulären Lösungen die allgemeine Lösung dar.

Im folgenden bedienen wir uns der Operatorenschreibweise. Wir schreiben den Differentialoperator d/dx kurz

$$\frac{d}{dx} = D \qquad (4,5)$$

Dann ist

$$Dy = \frac{dy}{dx} = y'$$

und entsprechend wird

$$D^2 y = DDy = D\frac{dy}{dx} = \frac{d}{dx}\frac{dy}{dx} = \frac{d^2 y}{dx^2}$$

und schließlich

$$D^n y = \frac{d^n y}{dx^n} = y^{(n)}$$

Mit dem Operator D schreibt sich die Differentialgleichung (4,1)

$$\{a_n D^n + a_{n-1}D^{n-1} + \ldots + a_1 D + a_0\}\, y = 0 \qquad (4,6a)$$

oder

$$a_n(D-\alpha_1)(D-\alpha_2)\ \ldots\ (D-\alpha_n)\, y = 0 \qquad (4,6b)$$

oder kurz

$$P(D)\, y = 0 \qquad (4,6c)$$

Dabei ist der Differentialoperator $P(D)$ eine Abkürzung für das Polynom in D

$$P(D) = a_n D^n + a_{n-1}D^{n-1} + \ldots + a_1 D + a_0 =$$
$$= a_n(D-\alpha_1)(D-\alpha_2)\ \ldots\ (D-\alpha_n) \qquad (4,7)$$

Mit $(4,7)$ schreibt sich die charakteristische Gleichung $(4,4)$ kurz

$P(\lambda) = 0$

Für Differentialoperatoren mit konstanten Koeffizienten gelten die folgenden Rechenregeln.

1) Zwei beliebige Polynome des Operators D (mit konstanten Koeffizienten) $P_1(D)$ und $P_2(D)$ sind kommutativ. D.h. für jede genügend oft differenzierbare Funktion $y(x)$ gilt (vgl. Aufg. 4,2)

$$P_1(D)P_2(D)y = P_2(D)P_1(D)y \qquad (4,8)$$

2) Für jede genügend oft differenzierbare Funktion $y(x)$ gilt

$$D^n e^{ax} y = e^{ax}(D+a)^n y \qquad (4,9)$$

und

$$(D-a)^n e^{ax} y = e^{ax} D^n y \qquad (4,1o)$$

wobei a eine Konstante bedeutet. (vgl. Aufg. 4,3).

Aufgabe 4,1: Berechne: $(D-1)(D+1)(D+2)y$

Lösung: Wir bilden

$$(D+2)y = \frac{dy}{dx} + 2y$$

$$(D+1)(D+2)y = (D+1)(\frac{dy}{dx}+2y) = \frac{d}{dx}(\frac{dy}{dx}+2y) + \frac{dy}{dx} + 2y =$$

$$= \frac{d^2y}{dx^2} + 3\frac{dy}{dx} + 2y$$

Dann wird

$$(D-1)(D+1)(D+2)y = (D-1)(\frac{d^2y}{dx^2}+3\frac{dy}{dx}+2y) =$$

$$= \frac{d^3y}{dx^3} + 2\frac{d^2y}{dx^2} - \frac{dy}{dx} - 2y$$

Aufgabe 4,2: Zeige: Sind a,b Konstante und $y = y(x)$ eine differenzierbare Funktion von x, dann gilt

$$(D-a)(D-b)y = (D-b)(D-a)\,y$$

<u>Lösung:</u> Zum Beweis bilden wir einerseits

$$(D-a)(D-b)y = (D-a)(\frac{dy}{dx}-by) =$$

$$\frac{d^2y}{dx^2} - (a+b)\frac{dy}{dx} + a\,b\,y$$

und andererseits

$$(D-b)(D-a)y = (D-b)(\frac{dy}{dx} - ay) =$$

$$= \frac{d^2y}{dx^2} - (a+b)\frac{dy}{dx} + a\,b\,y$$

Folglich sind die Operatoren $(D-a)$ und $(D-b)$ kommutativ. Daraus ergibt sich sofort, daß zwei Differentialoperatoren

$$P_1(D) \text{ und } P_2(D)$$

wobei $P_1(D)$ und $P_2(D)$ beliebige Polynome in D bedeuten, ebenfalls kommutativ sind.

<u>Aufgabe 4,3:</u> Zeige: Ist a eine Konstante und $y=y(x)$ eine differenzierbare Funktion von x, dann gilt

$$D^n e^{ax}y = e^{ax}(D+a)^n y \tag{4,9}$$

<u>Lösung:</u> Wir bilden

$$De^{ax}y = ae^{ax}y + e^{ax}Dy = e^{ax}(D+a)\,y$$

und

$$D^2 e^{ax}y = De^{ax}(D+a)y = e^{ax}\{D(D+a)y+a(D+a)y\} =$$

$$= e^{ax}(D+a)^2 y$$

und führen den Beweis durch vollständige Induktion.

Für $n = 1$ und $n = 2$ haben wir Formel $(4,9)$ oben bewiesen. Sei nun $(4,9)$ richtig für ein gewisses n. Dann folgt die Behauptung aus

$$DD^n e^{ax}y = De^{ax}(D+a)^n y = ae^{ax}(D+a)^n y + e^{ax}D(D+a)^n y =$$

$$= e^{ax}(D+a)^{n+1} y$$

Ersetzen wir in Gleichung $(4,9)$ den Operator D durch D-a, so ergibt sich sofort Formel $(4,10)$.

Aufgabe 4,4: Zeige: Die Differentialgleichung

$$(D-a)^n y = 0 \quad ; \quad a \text{ reell} \qquad (4,11)$$

besitzt die allgemeine Lösung

$$y = (A_0 + A_1 x + A_2 x^2 + \ldots + A_{n-1} x^{n-1}) e^{ax}$$

Lösung: Die charakteristische Gleichung von $(4,11)$

$$P(D) = (D-a)^n = 0$$

hat die n-fache Wurzel a. Folglich ist

$$y = C e^{ax} \qquad (4,12)$$

eine partikuläre Lösung von $(4,11)$. Ersetzen wir in $(4,12)$ die Konstante C durch eine Funktion $C(x)$

$$y = C(x)\, e^{ax}$$

so wird aus $(4,11)$

$$(D-a)^n e^{ax} C(x) = 0$$

Nach $(4,1o)$ können wir dafür schreiben

$$e^{ax} D^n C(x) = 0 \qquad (4,13)$$

Gleichung $(4,13)$ wird offensichtlich erfüllt, wenn $C(x)$ die Differentialgleichung

$$D^n C(x) = 0 \qquad (4,14)$$

befriedigt. Das heißt aber, daß

$$C(x) = P_{n-1}(x) = A_0 + A_1 x + A_2 x^2 + \ldots + A_{n-1} x^{n-1}$$

ein beliebiges Polynom vom Grade $(n-1)$ ist. Folglich ist

$$y = C(x) e^{ax} = (A_0 + A_1 x + A_2 x^2 + \ldots + A_{n-1} x^{n-1}) e^{ax} \qquad (4,15)$$

die allgemeine Lösung von $(4,11)$.

Aufgabe 4,5: $y'' - 6y' + 9y = 0 \qquad (4,16)$

Mit dem Operator D schreibt sich $(4,16)$

$$(D^2 - 6D + 9)y = (D-3)^2 y = 0$$

Die charakteristische Gleichung

$$(D-3)^2 = 0$$

98

besitzt die Doppelwurzel 3. Nach Aufgabe 4,4 finden
wir dann das komplementäre Integral

$$y = e^{3x}(A+Bx) \quad ; \quad A,B = const.$$

Aufgabe 4,6: Die Differentialgleichung

$$(D-a)(D-b)^2 y = o \quad ; \quad a,b \text{ reell}$$

hat die charakteristische Gleichung

$$(D-a)(D-b)^2 = 0$$

Der einfachen Wurzel a entspricht die Lösung

$$y = e^{ax}$$

zur Doppelwurzel b gehören die unabhängigen partikulären Lösungen

$$y = e^{bx} \quad \text{und} \quad y = xe^{bx}$$

Folglich ist

$$y = Ae^{ax} + Be^{bx} + Cxe^{bx}$$

die allgemeine Lösung, wobei die willkürlichen Integrationskonstanten mit A, B und C bezeichnet sind.

Aufgabe 4,7: Zeige: Sind $P_1(D)$ und $P_2(D)$ zwei beliebige Polynome in D mit konstanten Koeffizienten und
ist y_1 das komplementäre Integral von

$$P_1(D)y = 0$$

und y_2 das von

$$P_2(D)y = 0$$

dann ist

$$y = y_1+y_2$$

eine Lösung der Differentialgleichung

$$P_1(D)P_2(D)y = 0 \qquad (4,17)$$

Lösung: Die Operatoren $P_1(D)$ und $P_2(D)$ sind kommutativ, infolgedessen gilt

$$P_1(D)P_2(D)(y_1+y_2)=P_2(D)P_1(D)y_1+P_1(D)P_2(D)y_2=0$$

und $y = y_1 + y_2$ ist Lösung von $(4,17)$. Man beachte,

daß $y = y_1 + y_2$ nur dann mit der komplementären Funktion von $(4,17)$ übereinstimmt, wenn die Polynome $P_1(D)$ und $P_2(D)$ teilerfremd sind.

Aufgabe 4,8: Die Differentialgleichung

$$y^{(1o)} - 5y^{(8)} + 1oy^{(6)} - 1oy^{(4)} + 5y'' - y = 0 \qquad (4,18)$$

können wir in Operatorschreibweise kurz als

$$(D^2-1)^5 y = (D-1)^5(D+1)^5 y = 0$$

schreiben. Die Differentialgleichungen

$$(D-1)^5 y = 0 \quad ; \quad (D+1)^5 y = 0$$

besitzen nach Aufgabe 4,4 die allgemeinen Lösungen

$$y_1 = P_4(x)e^x \quad ; \quad y_2 = Q_4(x)e^{-x} \qquad (4,19)$$

wobei $P_4(x)$ und $Q_4(x)$ zwei Polynome vierten Grades bedeuten, deren Koeffizienten willkürlich sind. Da ferner

$$(D-1)^5 \quad \text{und} \quad (D+1)^5$$

teilerfremd sind, ist nach dem Ergebnis der vorigen Aufgabe die Summe

$$y = y_1 + y_2 = e^x P_4(x) + e^{-x} Q_4(x) =$$

$$= e^x \{ A_0 + A_1 x + A_2 x^2 + A_3 x^3 + A_4 x^4 \} + \qquad (4,2o)$$

$$+ e^{-x} \{ B_0 + B_1 x + B_2 x^2 + B_3 x^3 + B_4 x^4 \}$$

die allgemeine Lösung der Differentialgleichung $(4,18)$.

Aufgabe 4,9: Man bestimme die allgemeine Lösung der Differentialgleichung

$$((D-a)^2 + b^2) y = 0 \qquad a,b \text{ reell} \qquad (4,21)$$

Lösung: Die Differentialgleichung läßt sich umschreiben zu

$$(D-a+ib)(D-a-ib)y = 0$$

Ihre charakteristische Gleichung besitzt die konjugiert komplexen Wurzeln a $\pm$ ib. Folglich sind die partikulären Integrale

$$y_1 = e^{(a+ib)x} \quad ; \quad y_2 = e^{(a-ib)x}$$

linear unabhängig und

$$y = C_1 e^{(a+ib)x} + C_2 e^{(a-ib)x} \tag{4,22}$$

ist die allgemeine Lösung von (4,21). Die Lösung ist nur dann reell, wenn die Integrationskonstanten C_1 und C_2 zueinander konjugiert komplexe Werte besitzen. Wir können (4,21) in eine andere Form bringen, wenn wir die Differentialgleichung (4,21) mit dem Lösungsansatz

$$y = e^{ax}f(x)$$

angehen. Dann ergibt sich unter Verwendung von (4,1o)

$$((D-a)^2+b^2)y = ((D-a)^2+b^2) e^{ax}f(x) = e^{ax}(D^2+b^2)f(x) = 0$$

Die Funktion $f(x)$ muß also der Gleichung

$$(D^2+b^2)f(x) = 0 \tag{4,23}$$

genügen. Da

$$f(x) = A \cos bx + B \sin bx$$

komplementäre Funktion von (4,23) ist, erhalten wir die Lösung in einer zu (4,22) äquivalenten Form

$$y = e^{ax} \{ A \cos bx + B \sin bx \} \tag{4,24}$$

Zwischen den Integrationskonstanten der beiden Lösungsformen (4,22) und (4,24) bestehen offensichtlich die Beziehungen

$$2C_1 = A-iB \quad ; \quad 2C_2 = A+iB$$

Aufgabe 4,1o: $(D^2-4D+13)y = 0$ $\hfill (4,25)$

Lösung: Die charakteristische Gleichung

$$(D^2-4D+13) = (D-2+3i)(D-2-3i) = 0$$

besitzt das Paar konjugiert komplexer Wurzeln 2-3i; 2+3i. Nach Aufgabe 4,9 ist dann

$$y = e^{2x} \{ A \cos 3x + B \sin 3x \} =$$

$$= \frac{A-iB}{2} e^{(2+3i)x} + \frac{A+iB}{2} e^{(2-3i)x}$$

die allgemeine Lösung von (4,25).

Aufgabe 4,11: Die Differentialgleichung

$$y^{(5)} - 5y^{(4)} + 13y^{(3)} - 19y'' + 14y' - 4y = 0$$

besitzt die charakteristische Gleichung

$$(D-1)^3 (D-1-\sqrt{3}i)(D-1+\sqrt{3}i) = 0$$

welcher wir entnehmen, daß die komplementäre Funktion lautet

$$y = e^x \{ C_1 + C_2 x + C_3 x^2 + C_4 \sin\sqrt{3}x + C_5 \cos\sqrt{3}x \}$$

Aufgabe 4,12: $\left((D-a)^2 + b^2\right)^n y = 0$ a,b=reell (4,26)

Lösung: Wir schreiben (4,26) um zu

$$(D-a+ib)^n (D-a-ib)^n y = 0 \qquad (4,27)$$

Die charakteristische Gleichung besitzt das Paar konjugiert komplexer Wurzeln a $\pm$ ib, die von n-ter Ordnung angenommen werden. Nach Aufgabe 4,4 ist dann

$$y = e^{(a+ib)x} P_{n-1}(x) + e^{(a-ib)x} Q_{n-1}(x) \qquad (4,28)$$

die allgemeine Lösung. Dabei sind die Koeffizienten der beiden Polynome n-ten Grades $P_{n-1}(x)$ und $Q_{n-1}(x)$ willkürlich. Die Lösung (4,28) ist nur dann reell, wenn die einander entsprechenden Koeffizienten der Polynome $P_{n-1}(x)$ und $Q_{n-1}(x)$ zueinander konjugiert komplex sind. Nach Aufgabe 4,7 läßt sich (4,28) auf die Form

$$y = e^{ax} \sin bx \{ A_0 + A_1 x + \ldots + A_{n-1} x^{n-1} \} +$$

$$+ e^{ax} \cos bx \{ B_0 + B_1 x + \ldots + B_{n-1} x^{n-1} \}$$

bringen. Dabei bedeuten $A_0, A_1, \ldots A_{n-1}, B_0, B_1, \ldots B_{n-1}$ beliebige reelle Konstanten.

Aufgabe 4,13: $y^{(6)}+11y^{(4)}+19y''+9y = 0$ (4,29)

Lösung: Die charakteristische Gleichung ist

$(D+i)^2(D-i)^2(D+3i)(D-3i) = 0$

Folglich besitzt (4,29) das komplementäre Integral

$y = (C_1+C_2x)\sin x + (C_3+C_4x)\cos x + C_5\sin 3x +$
$+ C_6 \cos 3 x$

5) Lineare inhomogene Differentialgleichungen mit konstanten Koeffizienten

Sei $P(D)$ ein Polynom n-ten Grades in D mit konstanten Koeffizienten, so daß

$$P(D)y = F(X) \qquad (5,1)$$

eine lineare inhomogene Differentialgleichung n-ten Grades mit konstanten Koeffizienten darstellt. Ihre komplementäre Funktion

$$y = C_1y_1 + C_2y_2+...+ C_ny_n \qquad (5,2)$$

kann nach den Methoden von Abschnitt III,4 ermittelt werden. Zu einem partikulären Integral y_p der inhomogenen Differentialgleichung (5,1) kann man grundsätzlich durch Variation der Konstanten $C_1, C_2, ..., C_n$ nach Abschnitt III,3 gelangen.

Für lineare Differentialgleichungen mit konstanten Koeffizienten existieren aber noch eine ganze Reihe anderer Methoden, die es gestatten, ein partikuläres Integral y_p zu bestimmen.

5a) Verwendung des reziproken Operators

Diese Methode soll an Hand eines Beispieles erläutert werden. Wir suchen eine partikuläre Lösung der Differentialgleichung

$$P(D)=(D-a)(D-b)y = F(x) \; ; \; a \neq b \text{ konstant} \qquad (5,3)$$

Dazu definieren wir den zu $P(D)$ reziproken Operator

$$\frac{1}{P(D)}$$

durch die Gleichung

$$P(D)\left(\frac{1}{P(D)}\, y\right) = y \qquad (5,4)$$

D.h. durch die Anwendung des Differentialoperators $P(D)$ von links auf den Ausdruck $\frac{1}{P(D)}y$ wird die Auswirkung von $\frac{1}{P(D)}$ auf die Funktion y rückgängig gemacht. Nun lösen wir $(5,3)$ formal nach y auf und bekommen

$$y=P(D)\frac{1}{P(D)}y = \frac{1}{P(D)}F(x) = \frac{1}{(D-a)}\,\frac{1}{(D-b)}\,F(x) \qquad (5,5)$$

Wir setzen

$$z = \frac{1}{(D-b)}\,F(x) \qquad (5,6)$$

und benutzen die Definitionsgleichung für den reziproken Operator $\frac{1}{D-b}$ indem wir auf beide Seiten von $(5,6)$ den Operator $(D-b)$ anwenden. Dadurch erhalten wir für z die lineare Differentialgleichung erster Ordnung

$$(D-b)z = \frac{dz}{dx} - bz = F(x)$$

Eine Lösung dieser Gleichung ist

$$z = e^{bx}\int e^{-bx} F(x)\ dx \qquad (5,7)$$

Dabei haben wir die Integrationskonstante Null gesetzt, weil wir uns nur für eine partikuläre Lösung interessieren. Aus $(5,5)$ finden wir für y

$$y = \frac{1}{D-a}\,z = \frac{1}{D-a}\,e^{bx}\int e^{-bx} F(x)dx$$

Wir wenden nun auf beide Seiten den Operator $(D-a)$ an und erhalten

$$(D-a)y = \frac{dy}{dx} - ay = e^{bx}\int e^{-bx} F(x)dx$$

eine lineare Differentialgleichung erster Ordnung zur Bestimmung von y, deren Lösung

104

$$y = e^{ax} \int e^{(b-a)x} \left(\int e^{-bx} F(x)dx \right) dx$$

die gesuchte partikuläre Lösung von 5,3 ist. (vgl. Aufg. 5,1; 5,2).

Eine wichtige Eigenschaft des reziproken Operators $\frac{1}{P(D)}$ wird durch die Formel

$$\frac{1}{P(D)} \cdot e^{ax}F(x) = e^{ax} \frac{1}{P(D+a)} F(x); \quad a = const \quad (5,8)$$

ausgedrückt. Zum Beweis wenden wir auf beiden Seiten den Operator $P(D)$ an und erhalten nach $(4,9)$

$$e^{ax}F(x) = e^{ax}P(D+a) \frac{1}{P(D+a)} F(x) = e^{ax}F(x)$$

(vgl. Aufg. 5,3)

Aufgabe 5,1: $(D^2-1)y = 3x$ $(5,9)$

Lösung: Die allgemeine Lösung der homogenen Gleichung ist

$$y = C_1 e^x + C_2 e^{-x} \quad (5,10)$$

Ein partikuläres Integral von $(5,9)$ bestimmen wir durch Anwendung des reziproken Operators

$$y = \frac{1}{D^2-1} 3x = \frac{1}{(D-1)(D+1)} 3x \quad (5,11)$$

Indem wir

$$z = \frac{1}{D+1} 3 x$$

setzen, erhalten wir für z die Differentialgleichung

$$\frac{dz}{dx} + z = 3x$$

aus der sich z zu

$$z = e^{-x} \int 3xe^x dx = 3(x-1)$$

bestimmt. Für y ergibt sich nach $(5,11)$ die Gleichung

$$y = \frac{1}{D-1} z = \frac{3}{D-1} (x-1)$$

und daraus

$$(D-1)y = y'-y = 3(x-1)$$

Eine Lösung ist

$$y = 3e^x \int (x-1)e^{-x} dx = -3x \qquad (5,12)$$

Die Summe der Ausdrücke (5,1o) und (5,12) ergibt schließlich die allgemeine Lösung der Differentialgleichung (5,9)

$$y = C_1 e^x + C_2 e^{-x} - 3x$$

Die obige Rechnung vereinfacht sich, wenn man (5,11) in Partialbrüche zerlegt

$$y = \frac{3}{2}\left(\frac{1}{D-1} - \frac{1}{D+1}\right) x$$

Für das partikuläre Integral ergibt sich dann sofort

$$y = \frac{3}{2}\{ e^x \int xe^{-x} dx - e^{-x} \int xe^x dx \} = -3x$$

Aufgabe 5,2: $(D^2-1)y = e^x$ \qquad (5,13)

Lösung: Die homogene Gleichung besitzt die allgemeine Lösung

$$y = C_1 e^x + C_2 e^{-x}$$

Zur Bestimmung einer partikulären Lösung der inhomogenen Differentialgleichung bilden wir

$$y = \frac{1}{D^2-1} e^x = \frac{1}{2}\left[\frac{1}{D-1} - \frac{1}{D+1}\right] e^x$$

$$y = \frac{1}{2} e^x \int dx - \frac{1}{2} e^{-x} \int e^{2x} dx = \frac{1}{2} e^x (x-\frac{1}{2})$$

ist folglich ein partikuläres Integral und die allgemeine Lösung von (5,13) lautet

$$y = C_1 e^x + C_2 e^{-x} + \frac{x}{2} e^x - \frac{1}{4} e^x$$

$$y = C_3 e^x + C_2 e^{-x} + \frac{x}{2} e^x$$

Dabei haben wir

$$C_1 - \frac{1}{4} = C_3$$

zu einer neuen Konstanten C_3 zusammengefaßt.

106

Aufgabe 5,3: Die lineare Differentialgleichung mit konstanten Koeffizienten

$$P(D)y = Ce^{ax}F(x) \qquad (5,14)$$

besitzt das partikuläre Integral

$$y = Ce^{ax} \frac{1}{P(D+a)} F(x) \qquad (5,15)$$

Lösung: Wir setzen

$$y = f(x) e^{ax}$$

und bilden unter Verwendung von (4,9)

$$D^n y = D^n f(x)e^{ax} = e^{ax}(D+a)^n f(x)$$

Da $P(D)$ ein Polynom in D ist, gilt auch

$$P(D)y = P(D)f(x)e^{ax} = e^{ax}P(D+a)f(x)$$

Folglich muß $f(x)$ der Differentialgleichung

$$P(D+a)f(x) = C F(x)$$

genügen. Eine Lösung ist

$$f(x) = C \frac{1}{P(D+a)} F(x)$$

Dann ist aber

$$y = f(x)e^{ax} = Ce^{ax} \frac{1}{P(D+a)} F(x)$$

ein partikuläres Integral von (5,14).

Aufgabe 5,4: $(D^2-4D+3)y=8e^{-x}(x^2+2x+4)$

Lösung: Wir setzen

$$y = f(x)e^{-x}$$

und finden für $f(x)$ unter Verwendung von (4,9) die Differentialgleichung

$$(D-4)(D-2)f(x) = 8(x^2+2x+4) \qquad (5,16)$$

deren komplementäres Integral

$$f(x) = C_1 e^{4x} + C_2 e^{2x}$$

lautet. Die partikuläre Lösung

$$f(x) = \frac{1}{2} \left[\frac{1}{D-4} - \frac{1}{D-2} \right] 8(x^2+2x+4)$$

berechnen wir, indem wir den Operator

$$\frac{1}{D-4} - \frac{1}{D-2} = \frac{1}{4} (1 + \frac{3}{4}D + \frac{7}{16}D^2 + \ldots)$$

nach Potenzen von D entwickeln. Dabei kann die Entwicklung nach den Gliedern zweiter Ordnung abgebrochen werden, weil für $n \geq 3$ gilt

$$D^n(x^2 + 2x + 4) = 0$$

Also ist

$$f(x) = (1 + \frac{3}{4}D + \frac{7}{16}D^2)(x^2 + 2x + 4) = x^2 + \frac{7}{2}x + \frac{51}{8}$$

ein partikuläres Integral von (5,16), und die gesuchte allgemeine Lösung lautet

$$y = e^{-x} f(x) = C_1 e^{3x} + C_2 e^x + e^{-x}(x^2 + \frac{7}{2}x + \frac{51}{8})$$

Aufgabe 5,5: Die Differentialgleichung

$$(D^2 - 3D + 2)y = e^{-2x}(12x^2 - 2x) \tag{5,17}$$

besitzt die komplementäre Funktion

$$y = C_1 e^x + C_2 e^{2x}$$

Ein partikuläres Integral ist nach (5,15)

$$y = 2e^{-2x} \frac{1}{(D-3)(D-4)} (6x^2 - x)$$

$$y = 2e^{-2x} \left[\frac{1}{D-4} - \frac{1}{D-3} \right] (6x^2 - x)$$

Wir entwickeln den Operator

$$\frac{1}{D-4} - \frac{1}{D-3} = \frac{1}{12} (1 + \frac{7}{12}D + \frac{37}{144}D^2 + \ldots)$$

nach Potenzen von D und brechen die Entwicklung nach den Gliedern zweiter Ordnung ab. Dann entsteht

$$y = \frac{1}{6}e^{-2x} \left[1 + \frac{7}{12}D + \frac{37}{144}D^2 \right] (6x^2 - x) = e^{-2x}(x^2 + x + \frac{5}{12})$$

Folglich ist

$$y = C_1 e^x + C_2 e^{2x} + e^{-2x}(x^2 + x + \frac{5}{12})$$

die allgemeine Lösung von (5,17).

5b) Bestimmung eines partikulären Integrals der
inhomogenen Gleichung durch einen geeigneten
Ansatz

Wir betrachten die lineare Differentialgleichung
mit konstanten Koeffizienten

$$P(D)y = F(x) \qquad (5,18)$$

Gewisse Formen der Inhomogenität $F(x)$ gestatten es,
ein partikuläres Integral besonders einfach durch einen geeigneten Ansatz aufzufinden.

1) Die Funktion $F(x)$ habe die Gestalt

$$F(x) = Ce^{ax} \qquad C = const.$$

1a) Ist a nicht Wurzel der charakteristischen
Gleichung, d.h. $P(a) \neq 0$, dann findet man ein
partikuläres Integral mit Hilfe des Ansatzes

$$y = Ae^{ax} \qquad (5,19)$$

Der Koeffizient A wird aus $(5,18)$ durch Koeffizientenvergleich ermittelt. (vgl.Aufg. 5,7;
5,8).

1b) Ist a Wurzel k-ter Ordnung der charakteristischen Gleichung, dann kann ein partikuläres
Integral durch den Ansatz

$$y = Ax^k e^{ax} \qquad (5,2o)$$

bestimmt werden. (vgl. Aufg. 5,9 bis 5,13).

2) Sei $Q_n(x)$ ein vorgegebenes Polynom n-ten Grades
und $F(x)$ habe die Form

$$F(x) = e^{ax}Q_n(x)$$

2a) Ist a nicht Wurzel der charakteristischen
Gleichung, so gibt es ein partikuläres Integral von $(5,18)$ der Form

$$y = e^{ax}q_n(x) \qquad (5,21)$$

Dabei ist $q_n(x)$ ein Polynom n-ten Grades in x,
dessen unbekannte Koeffizienten aus $(5,18)$

durch Koeffizientenvergleich bestimmt werden
können (vgl. Aufg. 5,23).

2b) Ist hingegen a Wurzel k-ter Ordnung der charakteristischen Gleichung, so läßt sich ein
partikuläres Integral durch den Ansatz

$$y = e^{ax} x^k q_n(x) \qquad (5,22)$$

auffinden. (vgl. Aufg. 5,14 bis 5,16; 5,23).

3) Sei $Q(x)$ ein vorgegebenes Polynom in x und es sei
$F(x) = Q(x)$. Dieser Fall ist schon in 2) für a = 0
enthalten. (vgl. Aufg. 5,18).

4) $F(x)$ habe die Form

$$F(x) = \sin ax \quad \text{bzw.} \quad F(x) = \cos ax$$

Über die Beziehungen

$$2i \sin ax = e^{iax} - e^{-iax}; 2 \cos ax = e^{iax} + e^{-iax} \qquad (5,23)$$

kann dieser Fall auf den unter 1) behandelten zurückgeführt werden (vgl. Aufg. 5,19; 5,21; 5,22;
5,24; 5,25).

5) Es sei

$$F(x) = e^{ax} \{ \cos bx + \sin bx \}$$

Dieser Fall kann ebenfalls auf Fall 1) zurückgeführt werden, wenn man die Gleichungen (5,23) verwendet. Man kann aber auch folgendermaßen vorge-
hen.

5a) Sind a $\pm$ ib nicht Wurzeln der charakteristischen Gleichung, dann setze man

$$y = e^{ax} \{ A \cos bx + B \sin bx \} \qquad (5,24)$$

(vgl. Aufg. 5,26).

5b) Sind a $\pm$ ib Wurzeln k-ter Ordnung der charakteristischen Gleichung, dann setze man

$$y = x^k e^{ax} \{ A \cos bx + B \sin bx \} \qquad (5,25)$$

In beiden Fällen 5a) und 5b) können A und B durch
Koeffizientenvergleich in (5,18) ermittelt werden.
Enthält $F(x)$ z.B. den Term $\cos bx$ nicht, so sind

auch die Ansätze (5,24) bzw. (5,25) zu verwenden,
da in der Lösung trotzdem das Glied in cos bx auftreten kann.

6) Seien R(x) und Q(x) zwei vorgegebene Polynome in
x und F(x) sei von der Form

$$F(x) = e^{ax} \{ R(x)\cos bx + Q(x)\sin bx \}$$

6a) Sind a ± ib nicht Wurzeln der charakteristischen Gleichungen, so setze man

$$y = e^{ax} \{ R_1(x)\cos bx + Q_1(x)\sin bx \} \qquad (5,26)$$

6b) Sind a ± ib Wurzeln k-ter Ordnung der charakteristischen Gleichung, so setze man

$$y = e^{ax} x^k \{ R_1(x)\cos bx + Q_1(x)\sin bx \} \qquad (5,27)$$

Dabei sind $R_1(x)$ und $Q_1(x)$ Polynome, deren
Grad gleich dem größten Grad der Polynome R(x)
und Q(x) ist.
Beide Fälle 6a) und 6b) können unter Verwendung
von (5,23) auf den Fall 2) zurückgeführt werden.
(vgl. Aufg. 5,17).

Aufgabe 5,6: Ist y_1 ein partikuläres Integral der
Differentialgleichung $P(D)y = F_1(x)$ und y_2 ein partikuläres Integral von $P(D)y = F_2(x)$, dann ist
$y = y_1 + y_2$ ein partikuläres Integral von
$$P(D)y = F_1(x) + F_2(x) \qquad (5,28)$$

Lösung: Aus
$$P(D)y_1 = F_1(x) \quad \text{und} \quad P(D)y_2 = F_2(x)$$
ergibt sich durch Addition
$$P(D) \{ y_1 + y_2 \} = F_1(x) + F_2(x)$$
Folglich ist $y = y_1 + y_2$ ein partikuläres Integral
von (5,28).

Aufgabe 5,7: $P(D)y = (D^2 - 5D + 6)y = e^x \qquad (5,29)$

Lösung: Die komplementäre Funktion lautet

$$y = C_1 e^{3x} + C_2 e^{2x}$$

Zur Bestimmung eines partikulären Integrals benutzen wir den Ansatz

$$y = A \; e^x \qquad\qquad (5,3o)$$

und finden

$$(D^2 - 5D + 6) Ae^x = 2Ae^x = e^x$$

Mithin ist A = 1/2 und

$$y = \frac{1}{2} \; e^x$$

ein partikuläres Integral und

$$y = C_1 e^{3x} + C_2 e^{2x} + \frac{1}{2} \; e^x$$

die gesuchte Lösung.

Aufgabe 5,8: Die lineare Differentialgleichung mit konstanten Koeffizienten

$$P(D)y = Ce^{ax} \qquad\qquad (5,31)$$

besitzt das partikuläre Integral

$$y = \frac{C}{P(D)} \; e^{ax} = \frac{C}{P(a)} \; e^{ax} \qquad P(a) \neq 0 \qquad (5,32)$$

wenn a nicht Wurzel der charakteristischen Gleichung ist.

Lösung: Es sei

$$P(D) = \sum_{r=o}^{n} \alpha_r D^r$$

Zur Bestimmung eines partikulären Integrals verwenden wir den Ansatz

$$y = Ae^{ax}$$

Dann ist

$$P(D) = AP(D)e^{ax} = A \sum_{r=o}^{n} \alpha_r D^r e^{ax} =$$

112

$$= A \sum_{r=o}^{n} \alpha_r a^r e^{ax} = AP(a)e^{ax}$$

Nach Voraussetzung ist $P(a) \neq 0$, und wir finden durch Vergleich mit (5,31)

$$A = \frac{C}{P(a)}$$

Aufgabe 5,9: Die Differentialgleichung

$$P(D)y = (D-a)^n y = Ce^{ax} \qquad (5,33)$$

besitzt das partikuläre Integral

$$y = x^n e^{ax} \frac{C}{n!} \qquad (5,34)$$

Lösung: Nach Formel (5,8) ergibt sich

$$y = Ce^{ax} \frac{1}{D^n} 1 \qquad (5,35)$$

Wegen

$$\frac{1}{D} f(x) = \int f(x) \, dx$$

ist

$$\frac{1}{D^n} 1 = \frac{x^n}{n!} \qquad (5,36)$$

und damit

$$y = \frac{C}{n!} x^n e^{ax} \qquad (5,37)$$

ein partikuläres Integral von (5,33). Dabei haben wir bei den Integrationen in (5,36) alle Integrationskonstanten Null gesetzt, weil wir nur ein partikuläres Integral aufsuchen wollen.

Aufgabe 5,1o: Die lineare Differentialgleichung mit konstanten Koeffizienten

$$P(D)y = Q(D)(D-a)^k y = Ce^{ax} \; ; \quad Q(a) \neq 0 \qquad (5,38)$$

besitzt das partikuläre Integral

$$y = \frac{Cx^k}{p^{(k)}(a)} e^{ax} = \frac{Cx^k}{k!Q(a)} e^{ax} \qquad (5,39)$$

Dabei bedeutet $p^{(k)}(a)$ die k-te Ableitung des Polynoms P an der Stelle a.

Lösung: Ein partikuläres Integral ist

$$y_P = C \frac{1}{Q(D)(D-a)^k} e^{ax} \cdot 1$$

Wir wenden zunächst den reziproken Operator $\frac{1}{Q(D)}$ auf die Exponentialfunktion e^{ax} an. Das ergibt nach (5,32)

$$y_P = C\frac{1}{(D-a)^k} \frac{1}{Q(a)} e^{ax} \cdot 1 = \frac{C}{Q(a)} \frac{1}{(D-a)^k} e^{ax} \cdot 1$$

Nach (5,8) wird daraus

$$y_P = \frac{C}{Q(a)} e^{ax} \frac{1}{D^k} 1$$

Führen wir nun die K-Integration aus, so finden wir

$$y_P = \frac{C}{Q(a)} e^{ax} \frac{x^k}{k!}$$

Dabei haben wir alle Integrationskonstanten Null gesetzt, da wir nur ein partikuläres Integral suchen.

Aufgabe 5,11: $(D^3 - 3D + 2) y = 6e^x$

Lösung: Die homogene Gleichung

$$(D-1)^2(D+2)y = 0$$

hat die allgemeine Lösung

$$y = e^x(C_1+C_2x) + C_3 e^{-2x}$$

Die Inhomogenität ist von der Form

$$F(x) = 6e^{\alpha x} = 6 e^x \quad ; \quad \alpha = 1$$

Da $\alpha = 1$ Doppelwurzel der charakteristischen Gleichung ist, ist nach (5,2o) zur Bestimmung eines partikulären Integrals der Ansatz

$$y = Ax^2 e^x$$

zu verwenden. Wir bilden nun

$$(D^3-3D+2) Ax^2 e^x = 6Ae^x = 6e^x$$

und finden

A = 1

Folglich ist

$$y = x^2 e^x$$

ein partikuläres Integral und

$$y = \{C_1 + C_2 x + x^2\} e^x + C_3 e^{-2x}$$

die gesuchte allgemeine Lösung.

<u>Aufgabe 5,12:</u> $(D^3 - 3D + 2)y = 6e^x + 18e^{-2x} - 8e^{-x}$ \qquad (5,4o)

<u>Lösung:</u> Das komplementäre Integral

$$y = e^x \{C_1 + C_2 x\} + C_3 e^{-2x}$$

entnehmen wir Aufgabe 5,11. Wir müssen noch ein partikuläres Integral von (5,4o) aufsuchen. Da 1 Doppelwurzel, -2 eine einfache Wurzel und -1 keine Lösung der charakteristischen Gleichung

$$(D-1)^2 (D+2) = 0$$

ist, machen wir dazu den Ansatz

$$y = Ax^2 e^x + Bxe^{-2x} + Ce^{-x}$$

Wir bilden nun

$$(D^3 - 3D + 2)y = 6Ae^x + 9Be^{-2x} + 4Ce^{-x}$$

und finden durch Vergleich mit der rechten Seite von (5,4o)

$$A = 1 \quad ; \quad B = 2 \quad ; \quad C = -2$$

Folglich lautet die allgemeine Lösung von (5,4o)

$$y = \{C_1 + C_2 x + x^2\} e^x + \{C_3 + 2x\} e^{-2x} - 2e^{-x}$$

<u>Aufgabe 5,13:</u> Man bestimme ein partikuläres Integral von

$$(D-1)(D+2)(D-3)^2 y = F(x)$$

Dabei ist $F(x)$

   a) $F(x) = 5e^{-2x}$

   b) $F(x) = 2e^{-x}$

   c) $F(x) = e^x + 3e^{3x}$

<u>Lösung:</u> In allen drei Fällen verwenden wir Formel

(5,39) und die Bezeichnungen von Aufgabe 5,1o.

Fall a) Hier ist c = 5; k = 1; a = -2

$$Q(D) = (D-1)(D-3)^2 \qquad Q(a) = -75$$

Nach (5,39) ist dann

$$y = -\frac{x}{15}\, e^{-2x}$$

ein partikuläres Integral.

Fall b) Hier ist c = 2; k = 0; a = -1

$$Q(D) = (D-1)(D+2)(D-3)^2 \qquad Q(a) = -32$$

und das partikuläre Integral lautet

$$y = -\frac{1}{16}\, e^{-x}$$

Fall c) Wir behandeln die Anteile e^x und $3e^{3x}$ getrennt. Für den Anteil e^x ergibt sich

$$c=1;\ k=1;\ a=1;\ Q(D) = (D+2)(D-3)^2;\ Q(a) = 12$$

$$y_1 = \frac{x}{12}\, e^x$$

Für den Anteil $3e^{3x}$ finden wir

$$c=3;\ k=2;\ a=3;\ Q(D) = (D-1)(D+2);\ Q(a) = 1o$$

$$y_2 = \frac{3x^2 e^{3x}}{2!\, 1o}$$

Wir erhalten schließlich das partikuläre Integral

$$y = y_1 + y_2 = \frac{x}{12}\, e^x + \frac{3}{2o}\, x^2 e^{3x}$$

__Aufgabe 5,14:__ Man bestimme eine partikuläre Lösung von

$$(D-a)^n y = Ce^{ax}x^m \qquad n,m > o\ \text{ganz} \qquad (5,41)$$

__Lösung:__ Nach (5,8) ist

$$y = Ce^{ax}\frac{1}{D^n}\, x^m$$

ein partikuläres Integral. Indem wir die Integrationen ausführen, bekommen wir

8*

116

$$y = \frac{Ce^{ax}x^{m+n}}{(m+1)(m+2)\dots(m+n)} \qquad (5,42)$$

<u>Aufgabe 5,15:</u> Man bestimme ein partikuläres Integral von

$$(D-3)^2 y = e^{3x}\{2x^2 + 5x^3\}$$

<u>Lösung:</u> Indem wir für jede der Störfunktionen $2e^{3x}x^2$ und $5e^{3x}x^3$ Formel $(5,42)$ der vorigen Aufgabe anwenden, finden wir die partikuläre Lösung

$$y = \frac{1}{2}x^4e^{3x}\left(\frac{1}{3} + \frac{x}{2}\right)$$

<u>Aufgabe 5,16:</u> Die Differentialgleichung

$$P(D) = Q(D)(D-a)^n y = e^{ax}R_r(x) \quad ; \quad Q(a) \neq 0$$

besitzt ein partikuläres Integral der Form

$$y = e^{ax}x^n T_r(x)$$

Dabei sind $R_r(x)$ und $T_r(x)$ Polynome r-ten Grades in x.

<u>Lösung:</u> Wir bilden unter Berücksichtigung von $(5,8)$

$$(D-a)^n y = \frac{1}{Q(D)} e^{ax}R_r(x) = e^{ax}\frac{1}{Q(D+a)}R_r(x)$$

Daraus wird, wenn wir den reziproken Operator

$$\frac{1}{Q(D+a)} = \sum_{m=0}^{\infty} b_m D^m$$

nach Potenzen von D entwickeln

$$(D-a)^n y = e^{ax}\frac{1}{Q(D+a)}R_r(x) = e^{ax}\sum_{m=0}^{\infty} b_m D^m R_r(x) =$$

$$= e^{ax}\sum_{m=0}^{r} b_m D^m R_r(x) = e^{ax}S_r(x)$$

Dabei ist $S_r(x)$ wieder ein Polynom r-ten Grades in x. Dann ist

$$y = \frac{1}{(D-a)^n} e^{ax}S_r(x) = e^{ax}\frac{1}{D^n}S_r(x)$$

Wenn wir noch die n Integrationen ausführen und dabei
alle Integrationskonstanten Null wählen, ergibt sich
schließlich

$$y = e^{ax}x^n T_r(x)$$

Aufgabe 5.17: $(D^2+1)y = x \sin x$ (5,43)
Der charakteristischen Gleichung

$$(D+i)(D-i) = 0$$

entnehmen wir, daß

$$y = A_1 \sin x + B_1 \cos x$$
$$y = C_1 e^{ix} + C_2 e^{-ix}$$

die allgemeine Lösung der homogenen Differentialgleichung ist. Die rechte Seite von (5,43) schreiben wir
um zu

$$x \sin x = \frac{x}{2i} \{e^{ix} - e^{-ix}\}$$ (5,44)

Da $\pm i$ Wurzeln der charakteristischen Gleichung sind,
ist das partikuläre Integral von der Form

$$y = (Ae^{ix} + Be^{-ix})x^2 + (Ce^{ix} + De^{-ix}) x$$

Wir bilden nun

$$(D^2+1)y = e^{ix}\{4iAx + 2iC + 2A\} + e^{-ix}\{-4iBx + 2B - 2iD\}$$

und finden mit Rücksicht auf (5,44)

$$A = B = -\frac{1}{8} \quad ; \quad C = -D = -\frac{i}{8}$$

Somit ist

$$y = -\frac{x^2}{8}\{e^{ix}+e^{-ix}\} + \frac{x}{8i}\{e^{ix}-e^{-ix}\} =$$

$$= -\frac{x^2}{4}\cos x + \frac{x}{4}\sin x$$

ein partikuläres Integral und

$$y = A_1 \sin x + B_1 \cos x + \frac{x}{4}\{\sin x - x \cos x\}$$

die allgemeine Lösung von (5,43).

Aufgabe 5.18: $P(D)y = (D^2-5D+6)y = 6x^2+2x+4$

An Hand der charakteristischen Gleichung

$$P(D) = (D-2)(D-3) = 0$$

ergibt sich das komplementäre Integral

$$y = C_1 e^{2x} + C_2 e^{3x}$$

Um ein partikuläres Integral zu gewinnen, verwenden wir (nach (5,21) für a = 0) den Ansatz

$$y = Ax^2 + Bx + C$$

und bilden

$$(D^2 - 5D + 6)y = 6Ax^2 + x(6B - 1oA) + 2A - 5B + 6C$$

Die Gleichung (5,45) ist erfüllt, wenn die Koeffizienten A, B und C den folgenden Gleichungen genügen.

$$
\begin{aligned}
6\,A &= 6 & A &= 1 \\
6\,B - 1o\,A &= 2 & B &= 2 \\
2\,A - 5\,B + 6\,C &= 4 & C &= 2
\end{aligned}
$$

Also ist

$$y = x^2 + 2x + 2$$

ein partikuläres Integral und

$$y = C_1 e^{2x} + C_2 e^{3x} + x^2 + 2x + 2$$

die allgemeine Lösung von (5,45).

Aufgabe 5,19: $(D^2 - 5D + 6)y = 13 \sin 2x + 1o \cos x$

Die komplementäre Funktion entnehmen wir der vorigen Aufgabe. Ein partikuläres Integral bestimmen wir über den Ansatz

$$y = A_1 \sin 2x + A_2 \cos 2x + B_1 \cos x + B_2 \sin x$$

Dann muß gelten

$$(D^2 - 5D + 6)y = 2(5A_2 + A_1)\sin 2x + 2(A_2 - 5A_1)\cos 2x +$$

$$+ 5(B_1 + B_2)\sin x + 5(B_1 - B_2)\cos x = 13\sin 2x + 1o\cos x$$

Ein Koeffizientenvergleich führt zu den Gleichungen

$$1o\,A_2 + 2\,A_1 = 13 \quad ; \quad B_1 - B_2 = 2$$

$$A_2 = 5A_1 \quad ; \quad B_1 = -B_2$$

aus denen sich die Konstanten zu

$$A_1 = \frac{1}{4} \quad ; \quad A_2 = \frac{5}{4} \quad ; \quad B_1 = 1 \quad ; \quad B_2 = -1$$

bestimmen. Folglich ist

$$y_P = \frac{1}{4} \sin 2x + \frac{5}{4} \cos 2x + \cos x - \sin x$$

ein partikuläres Integral und

$$y = y_P + C_1 e^{2x} + C_2 e^{3x}$$

die allgemeine Lösung der vorgelegten Differentialgleichung.

Aufgabe 5,2o:

$$(D^2-5D+6)y=6x^2+2x+4+e^x+2e^{-x}+13\sin2x+1o\cos x$$

An Hand der Aufgaben 5,7, 5,18 und 5,19 können wir
sofort die allgemeine Lösung zusammenstellen. Sie ist

$$y=C_1 e^{2x}+C_2 e^{3x}+x^2+2x+2+\frac{1}{2}e^x+\frac{1}{6}e^{-x}+\frac{1}{4}\sin2x+\frac{5}{4}\cos2x +$$

$$+ \cos x - \sin x$$

Aufgabe 5,21: $\quad (D^2-1)y = 2 \sin x \qquad\qquad (5,46)$

Lösung: Das komplementäre Integral ist

$$y = C_1 e^x + C_2 e^{-x}$$

Ein partikuläres Integral bestimmen wir durch einen
geeigneten Ansatz. Der übliche Ansatz ist

$$y = A \sin x + B \cos x$$

In diesem Falle genügt aber schon

$$y = A \sin x$$

Der Operator D^2-1 enthält nämlich nur Differentialoperatoren gerader Ordnung. Folglich ist

$$(D^2-1)y = A(D^2-1) \sin x$$

ein Polynom in sin x allein, und der unbestimmte Koeffizient A kann aus der Gleichung

$$A(D^2-1) \sin x = 2 \sin x$$

zu $A = -1$ ermittelt werden. Mithin lautet die allge-

120

meine Lösung von (5,46)

$$y = C_1 e^x + C_2 e^{-x} - \sin x$$

Aufgabe 5,22: $(D^2-1)y = 5 \cos 2x$

Die komplementäre Funktion ist

$$y = C_1 e^x + C_2 e^{-x}$$

Da $(D^2-1)y$ nur Ableitungen gerader Ordnung enthält, kann ein partikuläres Integral durch den Ansatz

$$y = B \cos 2x$$

aufgefunden werden. Aus

$$(D^2-1)y = B(D^2-1)\cos 2x = -5B\cos 2x = 5\cos 2x$$

ergibt sich B = -1 und somit die allgemeine Lösung

$$y = C_1 e^x + C_2 e^{-x} - \cos 2x$$

Aufgabe 5,23: $(D^3-3D^2+4)y = e^{2x}(36x^2+6x+12)$ (5,47)

Die charakteristische Gleichung

$$(D-2)^2(D+1) = 0$$

führt zu dem komplementären Integral

$$y = (C_1+C_2 x)e^{2x}+C_3 e^{-x}$$

Da 2 Doppelwurzel der charakteristischen Gleichung ist, hat das partikuläre Integral der inhomogenen Gleichung die Form

$$y = x^2 e^{2x}\{Ax^2+Bx+C\}$$

Indem wir dies in (5,47) einbringen, finden wir

$$(D^3-3D^2+4)y = e^{2x}\{36Ax^2+(18B+24A)x+6(B+C)\}$$

$$= e^{2x}\{36x^2+6x+12\}$$

Durch Koeffizientenvergleich ergeben sich die Gleichungen

$$36\,A = 36 \quad ; \quad 18\,B + 24\,A = 6$$
$$6\,(B+C) = 12$$

mit den Lösungen

$$A = 1 \qquad B = -1 \qquad C = 3$$

Die allgemeine Lösung wird dann

$$y = e^{2x} \{ C_1 + C_2 x + x^4 - x^3 + 3x^2 \} + C_3 e^{-x}$$

Aufgabe 5,24: Die lineare Differentialgleichung mit konstanten Koeffizienten

$$P(D^2)y = C \sin (ax+b) \qquad (5,48)$$

hat eine partikuläre Lösung der Gestalt

$$y = \frac{C}{P(-a^2)} \sin (ax+b) \quad ; \quad P(-a^2) \neq 0 \qquad (5,49)$$

Lösung: Wegen

$$P(D^2)y = C\sin(ax+b) = \frac{C}{2i} \{ e^{iax} e^{ib} - e^{-iax} e^{-ib} \}$$

folgt nach (5,39) sofort (5,49). Ebenso findet man für

$$P(D^2)y = C \cos (ax+b)$$

das partikuläre Integral

$$y = \frac{C}{P(-a^2)} \cos (ax+b)$$

Aufgabe 5,25: $(D^2+9)y = 4 \sin 2x$

Das komplementäre Integral ist

$$y = A \sin 3x + B \cos 3x$$

Zur Bestimmung eines partikulären Integrals können wir Formel (5,49) verwenden, denn der Operator D^2+9 ist von der Form $P(D^2)$. Dann ist

$$y_p = 4 \frac{1}{D^2+9} \sin 2x = 4 \frac{1}{5} \sin 2x$$

eine partikuläre Lösung und es ergibt sich als allgemeine Lösung

$$y = A \sin 3x + B \cos 3x + y_p$$

Aufgabe 5,26: Die Differentialgleichung

$$y' + y = e^x \cos x \qquad (5,50)$$

hat die komplementäre Funktion

$$y = C e^{-x}$$

Zur Bestimmung eines partikulären Integrals setzen
wir nach (5,24)

$$y = e^x \{ A \cos x + B \sin x \} \qquad (5,51)$$

Setzen wir y und

$$y' = e^x \{ (A+B) \cos x + (B-A) \sin x \} \qquad (5,52)$$

in (5,5o) ein, so ergibt sich für die Koeffizienten
A und B das Gleichungssystem

$$\left. \begin{array}{l} 2 \; B-A = 0 \\ 2 \; A+B = 1 \end{array} \right\} \quad A = \frac{2}{5} \; ; \; B = \frac{1}{5}$$

Somit lautet die allgemeine Lösung

$$y = Ce^{-x} + e^x \{ \frac{2}{5} \cos x + \frac{1}{5} \sin x \}$$

6) Die Eulersche Differentialgleichung

Eine lineare Differentialgleichung der Form

$$\{ A_n (ax+b)^n D^n + A_{n-1} (ax+b)^{n-1} D^{n-1} + \ldots + A_1 (ax+b)D +$$

$$+ A_0 \} \; y = F(x) \qquad (6,1)$$

heißt Eulersche Differentialgleichung. Dabei bedeuten

$$D = \frac{d}{dx} \; ; \; D^2 = \frac{d^2}{dx^2} \; ; \; \ldots \; ; \; D^n = \frac{d^n}{dx^n}$$

und

$$a, \; b, \; A_n, \; A_{n-1}, \; \ldots \; , \; A_1, A_0$$

sind reelle vorgegebene Konstante. Durch die Substitution

$$ax + b = e^t \qquad (6,2)$$

geht die Eulersche Differentialgleichung in eine lineare Differentialgleichung mit konstanten Koeffizienten über.

Wir führen die Abkürzung

$$\delta = \frac{d}{dt} \qquad (6,3)$$

ein und bilden zum Beweis

$$Dy = \frac{dy}{dx} = \frac{dy}{dt}\frac{dt}{dx} = \frac{a}{ax+b}\,\delta y$$

$$(ax+b)Dy = a\delta y$$

(6,4)

Ferner ist

$$D^2 y = \frac{d}{dx}\left(\frac{a}{ax+b}\right)\frac{dy}{dt} = \frac{a^2}{(ax+b)^2}\left(\frac{d^2 y}{dt^2} - \frac{dy}{dt}\right)$$

und daher mit Rücksicht auf (6,3)

$$(ax+b)^2 D^2 y = a^2 \delta(\delta-1)y \qquad (6,5)$$

Entsprechend gilt

$$(ax+b)^n D^n y = a^n \delta(\delta-1)(\delta-2)\ldots(\delta-n+1)y \qquad (6,6)$$

Wir setzen (6,4) bis (6,6) in die Eulersche Differentialgleichung ein und gelangen zu der linearen Differentialgleichung mit konstanten Koeffizienten

$$\{a^n A_n \delta(\delta-1)(\delta-2)\ldots(\delta-n+1)+$$

$$+a^{n-1} A_{n-1}\delta(\delta-1)\ldots(\delta-n+2)+\ldots+A_1 a\delta+A_o\}y = \qquad (6,7)$$

$$= F\left(\frac{e^t-b}{a}\right)$$

Die charakteristische Gleichung lautet

$$P(\delta) = a^n A_n \delta(\delta-1)\ldots(\delta-n+1)+\ldots+aA_1\delta+A_o = 0 \qquad (6,8)$$

Da durch die Substitution (6,2) eine Eulersche Differentialgleichung in eine lineare Differentialgleichung mit konstanten Koeffizienten übergeht, können alle Formeln, die in den Abschnitten 4 und 5 zur Lösung linearer Differentialgleichungen mit konstanten Koeffizienten hergeleitet wurden, sinngemäß auf Eulersche

124

Differentialgleichungen übertragen werden.
Bei bekannter komplementärer Funktion der Eulerschen Differentialgleichung kann ein partikuläres Integral der inhomogenen Gleichung immer durch Variation der Konstanten ermittelt werden. Wir können uns
deshalb hier auf die Konstruktion der komplementären
Funktion einer Eulerschen Differentialgleichung be-
schränken.

Die komplementäre Funktion der Eulerschen Differen-tialgleichung

Fall 1) Die charakteristische Gleichung (6,8) besitze
nur einfache Wurzeln $\alpha_1,\alpha_2,\ldots\alpha_n$.
In diesem Fall gibt

$$y=C_1 e^{\alpha_1 t}+C_2 e^{\alpha_2 t}+\ldots+C_n e^{\alpha_n t} \qquad (6,9)$$

die komplementäre Funktion von (6,7) an. Indem wir die Substitution (6,2) wieder rückgängig machen, gewinnen wir die allgemeine
Lösung der zu (6,1) gehörigen homogenen Eulerschen Differentialgleichung

$$y=C_1(ax+b)^{\alpha_1}+C_2(ax+b)^{\alpha_2}+\ldots+C_n(ax+b)^{\alpha_n} \qquad (6,1o)$$

Fall 2) Die charakteristische Gleichung (6,8) besitze
Wurzeln α_i, die von der Ordnung $k(k<n)$ angenommen werden. Jeder Wurzel α_i entsprechen
dann die K linear unabhängigen Lösungen

$$e^{\alpha_i t},te^{\alpha_i t},\ldots,t^{k-1}e^{\alpha_i t}$$

der zu (6,7) gehörigen homogenen Differentialgleichung. Die zu (6,1) gehörige homogene
Eulersche Gleichung besitzt dann die k linear unabhängigen Lösungen

$$(ax+b)^{\alpha_i}; \quad (ax+b)^{\alpha_i}\ln(ax+b);\dots;$$

$$(ax+b)^{\alpha_i}\ln(ax+b)^{k-1}$$

Für den Fall, daß die charakteristische Gleichung (6,8) paarweise konjugiert komplexe
Wurzeln besitzt, verweisen wir auf Aufgabe
6,4.

Die charakteristische Gleichung (6,8) kann man sofort gewinnen, wenn man mit dem Ansatz

$$y = (ax+b)^m$$

in die zu (6,1) gehörige homogene Differentialgleichung eingeht.

Aufgabe 6,1: $(x^3 D^3 + xD - 1)\, y = 8x^5$ (6,11)

Lösung: Wir setzen $x = e^t$ und erhalten die lineare
Differentialgleichung mit konstanten Koeffizienten

$$\{\delta(\delta-1)(\delta-2)+\delta-1\}y = 8e^{5t} \tag{6,12}$$

deren charakteristische Gleichung

$$P(\delta) = (\delta-1)^3 = 0$$

lautet. Folglich besitzt (6,12) das komplementäre Integral

$$y = (C_1 + C_2 t + C_3 t^2)e^t$$

Ein partikuläres Integral der inhomogenen Gleichung
(6,12) finden wir nach (5,32)

$$y = \frac{8e^{5t}}{P(5)} = \frac{e^{5t}}{8}$$

Ersetzen wir wieder t durch t = ln x, so ergibt sich
die allgemeine Lösung der Eulerschen Differentialgleichung (6,11) zu

$$y = \{C_1 + C_2 \ln x + C_3 \ln^2 x\}\, x + \frac{x^5}{8}$$

Aufgabe 6,2: $x^2y''-xy' = x^3 \sin x$ (6,13)

Lösung: Indem wir $y = x^n$ in die Eulersche Differentialgleichung einsetzen, finden wir die charakteristische Gleichung

$$n(n-2) = 0$$

Das komplementäre Integral lautet also

$$y = C_1 + C_2 x^2$$

Ein partikuläres Integral der inhomogenen Gleichung
(6,13) gewinnen wir durch Variation der Konstanten.
Wir setzen

$$y = C_1(x) + C_2(x)\,x^2$$

und erhalten zur Bestimmung der Funktionen $C(x)$ das
Gleichungssystem

$$C_1'(x)+C_2'(x).x^2=0 \;\; ; \;\; 2xC_2'(x) = x \sin x$$

Daraus ergibt sich

$$C_2(x) = -\frac{1}{2} \cos x$$

$$C_1(x) = \frac{1}{2} x^2\cos x - x \sin x - \cos x$$

Mithin ist

$$y = C_1+C_2x^2 - x \sin x - \cos x$$

die allgemeine Lösung der Eulerschen Differentialgleichung.

Aufgabe 6,3: Indem wir zur Lösung von

$$\{ (2x-1)^3D^3+4(2x-1)^2D^2-4(2x-1)D+8\} y=4x^2+1 \quad (6,14)$$

den Ansatz

$$y = (2x-1)^n$$

verwenden, gelangen wir zur charakteristischen Gleichung

$$P(n) = 8(n-1)^2(n+1) = 0$$

Das komplementäre Integral ist also

$$y_H = (2x-1)(C_1+C_2\ln\{2x-1\}) + \frac{C_3}{2x-1}$$

Zur Bestimmung eines partikulären Integrals der inhomogenen Differentialgleichung (6,14) entwickeln wir die Inhomogenität $4x^2+1$ nach Potenzen von $(2x-1)$

$$4x^2+1 = (2x-1)^2+2(2x-1) + 2$$

Da $n = 1$ Doppelwurzel der charakteristischen Gleichung ist, hat das partikuläre Integral die Form

$$y = A(2x-1)^2+B+C(2x-1)\ln^2(2x-1)$$

Die Konstanten A, B und C können wir nach Formel (5,39) bestimmen. Man findet dann

$$A = \frac{1}{P(2)} = \frac{1}{24} \; ; \; B = \frac{2}{P(o)} = \frac{1}{4}; \; C = \frac{2}{P''(1)} = \frac{1}{16}$$

Damit lautet die allgemeine Lösung der Eulerschen Differentialgleichung

$$y=y_H+\frac{1}{4}+\frac{(2x-1)^2}{24}+\frac{2x-1}{16}\ln^2(2x-1)$$

Aufgabe 6,4: $\{(x+2)^4D^4-6(x+2)^3D^3+57(x+2)^2D^2$

$-75(x+2)D+625\} y = (x+2)^3\sin \ln (x+2)^2$

Wir setzen

$$x + 2 = e^t$$

und gelangen zu der Differentialgleichung mit konstanten Koeffizienten

$$\left((\delta-3)^2+4^2\right)y = (\delta-3+2i)^2(\delta-3-2i)^2y=$$

$$= e^{3t}\sin2t \qquad (6,15)$$

Ihre komplementäre Funktion lautet

$$y=e^{3t}\{(C_1+C_2t)\cos2t+(C_3+C_4t)\sin2t\} \qquad (6,16)$$

Eine partikuläre Lösung der inhomogenen Gleichung (6,15) finden wir, indem wir die Störfunktion umschreiben zu

128

$$e^{3t} \sin 2t = \frac{1}{2i} \left(e^{(3+2i)t} - e^{(3-2i)t} \right)$$

und Formel (5,39) verwenden. Das führt zu dem partikulären Integral

$$y = \frac{1}{2i} t^2 \frac{1}{(4i)^2} \frac{1}{2!} \left[e^{(3+2i)t} - e^{(3-2i)t} \right] =$$

$$= -\frac{t^2}{32} e^{3t} \sin 2t \qquad (6,17)$$

Wir addieren die Lösungen (6,16) und (6,17), setzen wieder $t = \ln(x+2)$ und finden

$$y = (x+2)^3 \{ \cos \ln(x+2)^2 (C_1 + (x+2)C_2) + \sin \ln(x+2)^2 \cdot$$

$$\cdot (C_3 + (x+2)C_4) - \frac{1}{32} \ln(x+2)^2 \sin \ln (x+2)^2 \}$$

7) Erniedrigung der Ordnung einer linearen Differentialgleichung, wenn ein partikuläres Integral der homogenen Gleichung bekannt ist.

Für die lineare Differentialgleichung n-ter Ordnung

$$\{ f_n(x)D^n + f_{n-1}(x)D^{n-1} + \ldots + f_1(x)D + f_0(x) \} \, y = F(x) \qquad (7,1)$$

existiert kein allgemeines Lösungsverfahren. Kennt man jedoch eine partikuläre Lösung y_1 der homogenen linearen Differentialgleichung n-ter Ordnung

$$(f_n(x)D^n + f_{n-1}(x)D^{n-1} + \ldots + f_1(x)D + f_0(x)) y = 0$$

so kann man ihre Ordnung um 1 erniedrigen, indem man den Ansatz

$$y = y_1(x) \int v(x)dx = y_1(x) \frac{1}{D} v(x) \qquad (7,2)$$

verwendet. Man gelangt dann zu einer linearen Differentialgleichung (n-1)-ter Ordnung für die Funktion $v(x)$. Der Einfachheit halber ist in Aufgabe 7,1 das Reduktionsverfahren für den Fall einer linearen Differentialgleichung zweiter Ordnung durchgeführt.

Aufgabe_7,1: Ist $y = y_1$ ein partikuläres Integral der Differentialgleichung

$$\left(f_2(x)D^2 + f_1(x)D + f_0(x)\right) y = 0 \qquad (7,3)$$

dann führt der Ansatz

$$y = y_1(x) \frac{1}{D} v(x) \qquad (7,4)$$

auf eine lineare homogene Differentialgleichung erster Ordnung in v.

Zur Lösung setzen wir die Ableitungen

$$Dy = (Dy_1) \frac{1}{D} v + y_1 v$$

$$D^2y = (D^2y_1) \frac{1}{D} v + 2(Dy_1)v + y_1 Dv$$

in $(7,3)$ ein und erhalten

$$\{ (f_2(x)D^2 + f_1(x)D + f_0)y_1 \} \frac{1}{D}v + f_2(x)y_1 Dv +$$
$$+ v(2f_2(x)D + f_1(x))y_1 = 0 \qquad (7,5)$$

Da y_1 Lösung von $(7,3)$ ist, verschwindet die geschweifte Klammer und wir erhalten eine homogene lineare Differentialgleichung erster Ordnung in v.

Aufgabe_7,2:
$$\left(-x^2 D^3 + 3x(1+2x)D^2 - 3(4x^2+4x+1)D + 2(6x+3+4x^2) \right) y =$$
$$= -8x^4 e^{2x} \qquad (7,6)$$

Lösung: Eine Lösung der homogenen Gleichung ist

$$y = e^{2x}$$

Wir setzen

$$y = e^{2x} \frac{1}{D} v$$

und bilden die Ableitungen

$$Dy = e^{2x}(2 \frac{1}{D} v + v)$$

$$D^2y = e^{2x}(4 \frac{1}{D} v + 4v + Dv)$$

9 Weizel, Differentialgleichungen

$$D^3y = e^{2x}(8 \frac{1}{D}v+12v+6Dv+D^2v)$$

Setzen wir diese Ausdrücke in die homogene Gleichung ein, so ergibt sich die lineare Differentialgleichung zweiter Ordnung für v

$$(-x^2D^2+3xD-3) v = 0 \qquad (7,7)$$

Eine partikuläre Lösung von (7,7) ist v = x. Folglich können wir die Ordnung nochmals um 1 reduzieren, wenn wir

$$v = x \frac{1}{D} w$$

setzen. Indem wir die Ausdrücke

$$Dv = \frac{1}{D} w + xw$$

$$D^2v = 2 w + xDw$$

in (7,7) einführen, erhalten wir zur Bestimmung von w die lineare Differentialgleichung erster Ordnung

$$(-xD+1)w = 0$$

deren allgemeine Lösung

$$w = C_1x$$

ist. Über die Integrationen

$$v = x \int wdx = C_1x(\frac{1}{2}x^2+C_2) = k_1x^3+k_2x$$

$$\int vdx = Ax^4+Bx^2+C$$

gelangen wir zu dem komplementären Integral

$$y = e^{2x}(Ax^4+Bx^2+C)$$

Ein partikuläres Integral von (7,6) kann durch Variation der Konstanten ermittelt werden

$$y = e^{2x}(A(x)x^4+B(x)x^2+C(x)) \qquad (7,8)$$

Dabei bestimmen sich die Funktionen A(x), B(x) und C(x) aus dem Gleichungssystem

$$A'x^4+B'x^2+C'=0$$

$$A'(4x^3+2x^4)+B'(2x+2x^2)+2C' = 0$$

$$A'(8x^3+2x^4+6x^2)+B'(2x^2+4x+1)+2C' = 4x^2$$

Subtrahiert man die erste Gleichung zweimal von der zweiten und zweimal von der dritten, so vereinfacht sich das System zu

$$A'x^4+B'x^2+C' = 0 \qquad A'2x^2+B' = 0$$

$$A'2x^2(4x+3)+B'(4x+1) = 4x^2$$

Subtrahiert man nun die zweite Gleichung und die mit $+4x$ multiplizierte zweite Gleichung von der letzten, so erhält man

$$A' = 1 \quad ; \quad A = x$$

Nach $(7,9)$ finden wir dann für $B(x)$ und $C(x)$ die Ausdrücke

$$B(x) = -\frac{2}{3}x^3 \quad ; \quad C(x) = \frac{1}{5}x^5$$

die wir in $(7,8)$ einsetzen. Das ergibt

$$y = \frac{8}{15}\,x^5 e^{2x}$$

Folglich ist die allgemeine Lösung von $(7,6)$

$$y = e^{2x}\{Ax^4+Bx^2+C+\frac{8}{15}x^5\}$$

Aufgabe 7,3: Die Differentialgleichung

$$((x-1)D^2-xD+1)y = 0 \qquad\qquad (7,1o)$$

besitzt die partikuläre Lösung $y = x$. Indem wir

$$y = x\,\frac{1}{D}\,v$$

setzen und die Ableitungen

$$Dy = \frac{1}{D}\,v + x\,v$$

$$D^2y = 2v + xDv$$

in $(7,1o)$ einbringen, erhalten wir für v die lineare Differentialgleichung erster Ordnung

$$v'+v\left(\frac{2}{x} - \frac{x}{x-1}\right) = 0$$

$$\frac{dv}{v} = \left(1 + \frac{1}{x-1} - \frac{2}{x}\right)\,dx$$

9*

132

Die Lösung ist

$$v = Ce^x \frac{x-1}{x^2} = \frac{d}{dx}(\frac{e^x}{x})$$

Folglich lautet die gesuchte Lösung

$$y = x\{\int v dx + C_1\} = Cx\{\int d(\frac{e^x}{x}) + C_1\} = Ce^x + C_1 x$$

$\underline{Aufgabe~7,4:}$ $xy'' + (xf(x)+2)y' + f(x)y = 0$
besitzt für jede Funktion $f(x)$ das partikuläre Integral

$$y = \frac{1}{x}$$

Mit dem Ansatz

$$y = \frac{1}{x}\frac{1}{D}v$$

gelangt man zu

$$v' + fv = 0$$

Mithin lautet die gesuchte Lösung

$$xy = C_1 + C_2 \int e^{-\int f dx} dx$$

$\underline{Aufgabe~7,5:}$ Die lineare Differentialgleichung m-ter
Ordnung

$$(f_m(x)D^m + f_{m-1}(x)D^{m-1} + \ldots + f_n(x)D^n)y = 0 \qquad (7,11)$$
$$m > n$$

enthält y selbst und die ersten $(n-1)$ Ableitungen von
y nicht. Folglich stellen die Funktionen

$$1, x, x^2, \ldots, x^{n-1}$$

n linear unabhängige partikuläre Integrale dar.
Setzen wir

$$z = D^n y \ ; \ Dz = D^{n+1}y; \ldots; \ D^{m-n}z = D^m y \qquad (7,12)$$

so geht die Differentialgleichung $(7,11)$ in eine
Gleichung der Ordnung $(m-n)$ über

$$(f_m(x)D^{m-n} + f_{m-1}(x)D^{m-n-1} + \ldots + f_n(x))z = 0$$

Die Substitution $(7,12)$ kann auch bei nichtlinearen

Differentialgleichungen, die die ersten (n-1) Ableitungen und y selbst nicht enthalten

$$F(x, D^n y, D^{n+1} y, \ldots, D^m y) = 0 \qquad m > n \qquad (7,13)$$

zur Reduktion der Ordnung angewendet werden, denn aus
(7,13) wird unter Verwendung von (7,12) die Differentialgleichung (m-n)-ter Ordnung

$$F(x, z, Dz, \ldots, D^{m-n} z) = 0$$

Aufgabe 7,6: Die Differentialgleichung

$$xy'' - y' = 3x^4 + 5$$

enthält y selbst nicht. Wir setzen

$$y' = p \quad ; \quad y'' = p'$$

und erhalten die Eulersche Differentialgleichung

$$xp' - p = 3x^4 + 5$$

mit der Lösung

$$p = Cx + x^4 - 5$$

Durch Integration finden wir

$$y = Ax^2 + \frac{1}{5} x^5 - 5x + B$$

Aufgabe 7,7: Die Differentialgleichung

$$y'' + f(x)y' + g(x)(y')^2 = 0$$

ist nicht linear. Durch die Substitution

$$y' = p \quad ; \quad y'' = p'$$

können wir ihre Ordnung um 1 reduzieren und gelangen
dann zu der Bernoullischen Differentialgleichung

$$p' + f(x)p + g(x)p^2 = 0$$

welche nach den Methoden von Abschnitt 3f) gelöst
werden kann.

Aufgabe 7,8: Zur Lösung von

$$(xD^4 - (2x+1)D^3 + (x+1)D^2)y = 0$$

setzen wir

$$D^2 y = p \quad ; \quad D^3 y = Dp \quad ; \quad D^4 y = D^2 p$$

und erhalten für p die Differentialgleichung zweiter Ordnung

$$(xD^2-(2x+1)D+x+1)p = 0 \qquad (7,14)$$

Ein partikuläres Integral ist

$$p = e^x$$

Wir können also die Ordnung nochmals um 1 reduzieren, indem wir

$$p = e^x \frac{1}{D} v \qquad Dp = e^x(\frac{1}{D}v+v)$$

$$D^2p = e^x(\frac{1}{D}v+2v+Dv)$$

in (7,14) einsetzen. Für v ergibt sich dann

$$xDv = v \quad , \quad v = Cx$$

Wir bilden

$$p = e^x \frac{1}{D} v = e^x \{C_1+C_2x^2\}$$

und erhalten für y

$$y = \int\{\int e^x (C_1+C_2x^2)dx+C_3 \} dx+C_4$$

Führt man die Integrationen aus, so ergibt sich

$$y = e^x \{C_1+C_2(x^2-4x+6) \} +C_3x+C_4$$

Aufgabe 7,9: Die Differentialgleichung

$$x^2y'' - xy'(2+x) + y(2+x) = 0$$

besitzt das partikuläre Integral $y = x$. Mit dem Ansatz (7,2) gelangt man zu

$$xv' + v(4+x) = 0$$

Man findet schließlich die allgemeine Lösung

$$y = C_1x + C_2xe^x$$

Aufgabe 7,1o: $x^2y''-x(x+4)y'+2(x+3)y = 0$

Ein partikuläres Integral ist $y = x^2$. Über den Ansatz (7,2) erhält man schließlich die allgemeine Lösung

$$y = C_1x^2 + C_2x^2e^x$$

Aufgabe_7‚11: Als allgemeine Lösung der Differentialgleichung

$$\sin^2 xy'' - \sin x(2\cos x + \sin x)y' + y(\cos x \sin x +$$
$$+ \cos^2 x + 1) = 0$$

ergibt sich mit dem partikulären Integral $y = \sin x$
und dem Ansatz $(7,2)$

$$y = C_1 \sin x + C_2 \sin x \, e^x$$

Aufgabe_7‚12: Für jede Funktion $h(x)$ besitzt die Differentialgleichung

$$x^2 y'' - xy'(2 - xh(x)) + y(2 - xh(x)) = 0$$

die partikuläre Lösung $y = x$. Das allgemeine Integral
bestimmt sich zu

$$y = C_1 x + C_2 x \int e^{-\int h(x)dx} \, dx$$

Aufgabe_7‚13: Für alle ganzen n mit $n \neq -1$ hat die
Differentialgleichung

$$y'' x - y'(2x+n) + y(x+n) = 0$$

die beiden unabhängigen partikulären Integrale e^x und
$x^{n+1} e^x$. Folglich ist

$$y = C_1 e^x + C_2 x^{n+1} e^x$$

die allgemeine Lösung.

Aufgabe_7‚14: Eine partikuläre Lösung von

$$y'' \{ ax^2 + b(x+1) \} - y'(ax+b)(2+x) + y(2+x)a = 0$$

ist $y = ax+b$. Mit Hilfe des Ansatzes $(7,2)$ bestimmt
sich die allgemeine Lösung zu

$$y = C_1(ax+b) + C_2 xe^x$$

Aufgabe_7‚15: $\ln^2 xy'' - y' \ln x\left(\frac{2}{x} + \ln x\right) + y\frac{1}{x}\left(\left(\frac{2}{x} + \ln x\right) + \right.$

$$\left. + \frac{1}{x} \ln x \right) = 0$$

Mit den partikulären Integralen $\ln x$ und $\ln xe^x$ erhält

136

man für x>o die Lösung

$$y = C_1 \ln x + C_2 \ln x \, e^x$$

Aufgabe 7,16: Für die Differentialgleichung

$$y'' - 2(\cot x + \tg x)y' + 2y(\cot^2 x + 1) = 0$$

gewinnt man mittels des partikulären Integrales y=tgx
die allgemeine Lösung

$$y = C_1 \tg x + C_2 x \, \tg x$$

8) Zerlegung des Differentialoperators in Faktoren

In einigen Fällen gelingt es, den Differentialoperator

$$H(D) = f_n(x)D^n + f_{n-1}(x)D^{n-1} + \dots + f_1(x)D + f_0(x)$$

einer linearen Differentialgleichung

$$H(D)y = \{ f_n(x)D^n + f_{n-1}(x)D^{n-1} + \dots + f_1(x)D + f_0(x) \} \, y = F(x) \tag{8,1}$$

in zwei Faktoren $H_1(D)$ und $H_2(D)$

$$H(D) = H_1(D) \cdot H_2(D)$$

zu zerlegen. Die Differentialgleichung (8,1) lautet
dann

$$H_1(D) \cdot H_2(D)y = F(x) \tag{8,2}$$

Setzt man nun

$$u = H_2(D) \, y \tag{8,3}$$

so entsteht nach (8,2)

$$H_1(D)u = F(x) \tag{8,4}$$

Die Differentialgleichung (8,2) zerfällt damit in die
beiden linearen Gleichungen (8,4) und (8,3). Ist die
Differentialgleichung (8,4) von der Ordnung r mit
r<n, und kann ihre allgemeine Lösung u = u(x) aufgefunden werden, so reduziert sich das Problem auf das

Lösen der Differentialgleichung $(8,3)$, die dann von
$(n-r)$-ter Ordnung ist.

Allgemein gültige Methoden, einen linearen Differentialoperator in zwei oder mehr Faktoren zu zerlegen, können nicht angegeben werden. Wie aus Aufgabe
8,2 ersichtlich, führt bereits die Faktorzerlegung
eines Differentialoperators zweiter Ordnung auf das
Problem, eine partikuläre Lösung einer Riccatischen
Differentialgleichung aufzusuchen.

Aufgabe 8,1: Die Differentialgleichung
$$(x^2D^2+x(x+4)D+2(x+1))y = e^{-x} \qquad (8,5)$$
kann folgendermaßen umgeformt werden
$$(xD+1)(xD+x+2) \; y = e^{-x}$$
Setzen wir
$$u = (xD + x+2) \; y \qquad (8,6)$$
so erhalten wir die lineare Differentialgleichung erster Ordnung für u
$$(xD+1)u = e^{-x}$$
deren Lösung sich nach den Methoden von Abschnitt 3e)
zu
$$u = - \frac{e^{-x}}{x} + \frac{C_1}{x}$$
bestimmt. Für y ergibt sich damit nach $(8,6)$ die lineare Differentialgleichung
$$(xD+x+2)y = \frac{C_1}{x} - \frac{1}{x}e^{-x}$$
Ihre Lösung
$$y = \frac{C_1}{x^2} + \frac{e^{-x}}{x} (\frac{C_2}{x} - 1)$$
ist die allgemeine Lösung von $(8,5)$.

Aufgabe 8,2: Der Operator
$$D^2+f(x)D+g(x) \qquad (8,7)$$

läßt sich in der Form

$$\bigl(D+F(x)\bigr)\bigl(D+h(x)\bigr)$$

schreiben, wenn $h(x)$ eine Lösung der Riccatischen Differentialgleichung

$$h'(x)+f(x)h-h^2-g(x) = 0 \qquad (8,8)$$

ist und $F(x)$ die folgende Differenz bedeutet

$$F(x) = f(x) - h(x) \qquad (8,9)$$

Lösung: Wir bilden

$$\bigl(D+F(x)\bigr)\bigl(D+h(x)\bigr) = \bigl(D^2+(h+F)D+(Dh)+Fh\bigr)$$

Unter Verwendung von $(8,9)$ ergibt sich $(8,8)$ durch Vergleich mit $(8,7)$.

Aufgabe 8,3: Die Differentialgleichung

$$y''-y'\bigl(\mathrm{tg}\ x+\tfrac{1}{2}\bigr)+y\Bigl(\frac{\mathrm{tg}\ x}{x} - \frac{1}{\cos^2 x}\Bigr) = 0 \qquad (8,10)$$

bringen wir auf die Form

$$\bigl(D+F(x)\bigr)\bigl(D+h(x)\bigr) = 0$$

Dazu verwenden wir das Ergebnis und die Beziehungen von Aufgabe 8,2. In unserem Falle ist

$$f(x)=-\mathrm{tg}\ x-\frac{1}{x} \ ; \quad g(x) = \frac{\mathrm{tg}\ x}{x} - \frac{1}{\cos^2 x}$$

$$F(x) = -\mathrm{tg}\ x - \frac{1}{x} - h(x)$$

Die Funktion $h(x)$ muß Lösung der Riccatischen Differentialgleichung

$$h'(x)-\bigl(\mathrm{tg}\ x+\tfrac{1}{x}\bigr)h-h^2- \frac{\mathrm{tg}\ x}{x} + \frac{1}{\cos^2 x} = 0 \qquad (8,11)$$

sein. Eine Lösung von $(8,11)$ ist

$$h(x) = -\mathrm{tg}\ x$$

Damit wird

$$F(x) = -\frac{1}{x}$$

Die Differentialgleichung $(8,10)$ lautet dann in Operatorschreibweise

$$\Bigl(D - \frac{1}{x}\Bigr)\bigl(D - \mathrm{tg}\ x\bigr)\, y = 0$$

Zu ihrer Lösung setzen wir

$$(D-tg\ x)\ y = u \qquad (8,12)$$

wobei $u(x)$ aus der Differentialgleichung

$$(D-\frac{1}{x})u = 0$$

bestimmt werden muß. Wir erhalten

$$u = A \cdot x$$

und damit aus $(8,12)$ für y die Differentialgleichung erster Ordnung

$$(D-tg\ x)\ y = Ax$$

deren Lösung

$$y = \frac{C}{\cos x} + A(1+x\ tg\ x)$$

die allgemeine Lösung von $(8,1o)$ ist.

Aufgabe 8,4:

$$F(D)y= \{x^3D^4+6x(x+1)D^2-x^2(2x+3)D^3-6(2x+1)D+12\}y=$$
$$= -6$$

Lösung: Aus dem Differentialoperator $F(D)$ kann man nach rechts den Faktor $(D-2)$ herausziehen. Dann entsteht

$$F(D)y = (x^3D^3-3x^2D^2+6xD-6)(D-2)y = -6$$

Setzen wir

$$u = (D-2)\ y \qquad (8,13)$$

so erhalten wir zur Bestimmung von u die Eulersche Differentialgleichung

$$(x^3D^3-3x^2D^2+6xD-6)u = -6$$

Mit ihrer Lösung

$$u(x) = Ax+Bx^2+Cx^3+1$$

können wir dann y aus $(8,13)$ ermitteln

$$y = C_1e^{2x}+C_2x^3+C_3x^2+C_4x+ \frac{1}{2}(C_4-1)$$

Aufgabe 8,5: Die Differentialgleichung

$$h(x)y''+y'(h(x)f(x)+g(x))+y(h(x)f'(x)+g(x)f(x))=0$$

kann auf die Form

$$(hD+g)(D+f)y = o$$

gebracht werden. Setzen wir nun

$$(D+f)y = u \qquad (8,14)$$

so ergibt sich für u

$$(hD+g)u = 0$$

und damit

$$u = Ce^{-\int \frac{g}{h}dx}$$

Nach (8,14) ergibt sich dann für y die lineare Differentialgleichung erster Ordnung

$$(D+f)y = Ce^{-\int \frac{g}{h}dx}$$

Ihre allgemeine Lösung lautet

$$y = C_1 e^{-\int f dx} + Ce^{-\int f dx} \int e^{\int (f- \frac{g}{h})dx} dx$$

9) Lineare Differentialgleichungen zweiter Ordnung

Eine lineare Differentialgleichung zweiter Ordnung

$$(D^2+f(x)D+g(x))y = F(x) \qquad (9,1)$$

kann, wie wir in Abschnitt 7) gesehen haben, auf eine lineare Differentialgleichung erster Ordnung reduziert und schließlich durch Quadraturen gelöst werden, wenn ein partikuläres Integral ihrer homogenen Gleichung bekannt ist. Ist kein partikuläres Integral bekannt, so kann man ihre Lösung auf die Integration der sogenannten Normalform

$$(D^2+H(x))v = F_1(x) \qquad (9,2)$$

zurückführen. Zu diesem Zweck setzen wir

$$y = u(x) \cdot v(x) \qquad (9,3)$$

und erhalten eine Gleichung der Gestalt

$$(D^2+G(x)D+H(x))v = F_1(x) \qquad (9,4)$$

wobei wir die Abkürzungen

$$G(x) = \frac{1}{u(x)}(2D+f(x))u(x)$$

$$H(x) = \frac{1}{u(x)}(D^2+f(x)D+g(x))u(x) \qquad (9,5)$$

$$F_1(x) = \frac{F(x)}{u(x)} \qquad (9,6)$$

verwendet haben.

Fall 1: Ist $u(x)$ eine partikuläre Lösung der homogenen Differentialgleichung von $(9,1)$, so gilt $H(x) \equiv 0$ und $(9,4)$ ist von der Form

$$(D^2+G(x)D)v = F_1(x)$$

Mit dem Ansatz

$$Dv = p$$

kann die Ordnung um 1 erniedrigt werden. Man gelangt dann zu der linearen Differentialgleichung

$$(D+G(x))p = F_1(x)$$

welche nach den bekannten Methoden integriert werden kann.

Fall 2: Ist $u(x)$ nicht partikuläre Lösung der homogenen Differentialgleichung von $(9,1)$, so bestimmen wir $u(x)$ so, daß $G(x) \equiv 0$ wird, d.h. daß die Differentialgleichung $(9,4)$ die Normalform $(9,2)$

$$(D^2+H(x))v = F_1(x) \qquad (9,2)$$

annimmt. Für die Funktion $u(x)$ erhalten wir dann

$$u(x) = e^{-\frac{1}{2}\int f(x)dx} \qquad (9,7)$$

Die Integration der Normalform $(9,2)$ ist in den folgenden zwei Fällen besonders einfach

1) Ist

$$H(x) = \frac{1}{u}(D^2+fD+g)u = A$$

eine Konstante A, so vereinfacht sich (9,2) zu einer Differentialgleichung mit konstanten Koeffizienten.

$$(D^2+A)v = F_1(x)$$

2) Ist H(x) von der Form

$$H(x) = \frac{A}{x^2} \quad ; \quad A = const.$$

so wird aus (9,2) die Eulersche Differentialgleichung

$$(x^2D^2+A)v = x^2F_1(x)$$

Trifft keiner der beiden Fälle 1) bzw. 2) zu, so kann man versuchen, den Operator $D^2+H(x)$ in Linearfaktoren zu zerlegen

$$D^2+H(x) = (D-h(x))(D+h(x))$$

Diese Zerlegung ist dann möglich, wenn die Funktion h(x) der Riccatischen Differentialgleichung

$$h' = h^2+H(x)$$

genügt. (vgl. Aufg. 8,2)

Aufgabe 9,1:

$$(D^2-4xD+4x^2)y = e^{x^2}$$

Lösung: In diesem Falle ist

$$f(x) = -4x \quad ; \quad g(x) = 4x^2$$

Wir setzen y = uv und bringen die Differentialgleichung auf die Normalform (9,2),indem wir u(x) nach (9,7) bestimmen.

$$u(x) = e^{-\frac{1}{2}\int f(x)dx} = e^{x^2}$$

Nach (9,5) und (9,6) finden wir

$$H(x) = 2 \quad ; \quad F_1(x) = 1$$

Für v erhalten wir dann die Differentialgleichung mit konstanten Koeffizienten

$$(D^2+2)v = 1$$

mit der Lösung

$$v = C_1 \sin \sqrt{2}\, x + C_2 \cos \sqrt{2}\, x + \frac{1}{2}$$

Folglich ist

$$y = u \cdot v = e^{x^2} \{C_1 \sin\sqrt{2}\, x + C_2 \cos\sqrt{2}\, x + \frac{1}{2}\}$$

Aufgabe 9,2:

$$y'' - 4xy' + 2(2x^2 - 1 - \frac{1}{x^2})y = \frac{1}{x^2}\, e^{x^2}$$

Lösung: In diesem Falle ist

$$f(x) = -4x \quad ; \quad g(x) = 2(2x^2 - 1 - \frac{1}{x^2})$$

Wir setzen y = uv und bestimmen u(x) nach (9,7)

$$u(x) = e^{-\frac{1}{2}\int f(x)dx} = e^{x^2}$$

Dann wird

$$H(x) = \frac{1}{u}\{u'' + fu' + gu\} = -\frac{2}{x^2}$$

und für v ergibt sich die Eulersche Differentialgleichung

$$x^2 v'' - 2v = 1$$

Ihre Integration liefert

$$v(x) = C_1 \frac{1}{x} + C_2 x^2 - \frac{1}{2}$$

Folglich ist

$$y = u \cdot v = e^{x^2}(C_1 \frac{1}{x} + C_2 x^2 - \frac{1}{2})$$

Aufgabe 9,3:

$$y''-4xy'+(4x^2-2-\frac{2}{\sin^2 x})y = -\frac{e^{x^2}}{\sin x \cos x}$$

Lösung: Hier ist

$$f(x) = -4x \quad ; \quad g(x) = 4x^2-2-\frac{2}{\sin^2 x}$$

Wir setzen y = uv und bestimmen u(x) nach (9,7) zu

$$u(x) = e^{x^2}$$

Dann wird

$$H(x) = -\frac{2}{\sin^2 x}$$

und v(x) gehorcht der Differentialgleichung

$$(D^2-\frac{2}{\sin^2 x})v = -\frac{1}{\sin x \cos x} \qquad (9,8)$$

Läßt sich der Differentialoperator in Linearfaktoren zerlegen,

$$(D^2 - \frac{2}{\sin^2 x}) = (D-h)(D+h)$$

so muß h(x) die Riccatische Differentialgleichung

$$h' = h^2+H(x) = h^2-\frac{2}{\sin^2 x}$$

erfüllen (vgl. Aufg. 8,2). Eine Lösung ist

$$h(x) = \frac{1}{\sin x \cos x}$$

Die Differentialgleichung (9,8) schreibt sich jetzt

$$(D-\frac{1}{\sin x \cos x})(D+\frac{1}{\sin x \cos x})v = -\frac{1}{\sin x \cos x}$$

Wir setzen nun

$$(D+\frac{1}{\sin x \cos x})v = w \qquad (9,9)$$

und ermitteln w aus

$$(D-\frac{1}{\sin x \cos x})w = -\frac{1}{\sin x \cos x}$$

zu

$w = C\ tg\ x + 1$

Die zu (9,9) gehörige homogene Gleichung besitzt die
Lösung

$v = C_1\ \dfrac{1}{tg\ x}$

Durch Variation der Konstanten

$v = \overline{C}(x)\dfrac{1}{tg\ x}$

ermitteln wir ein partikuläres Integral der inhomogenen Gleichung (9,9) und finden

$\dfrac{d\overline{C}}{dx} = C.tg^2 x + tg\ x = C(tg^2 x + 1) - C + tg\ x$

$\overline{C}(x) = C \int d\ tg\ x - C \int dx - \int \dfrac{d\ cos\ x}{cos\ x}$

$\overline{C}(x) = C\ \{\ tg\ x - x\ \} - ln\ cos\ x$

Damit ergibt sich für $v(x)$

$v(x) = \dfrac{1}{tg\ x}(C_1 + \overline{C}(x))$

und schließlich für y

$y = u.v = e^{x^2}\left[C - \dfrac{ln\ cos\ x}{tg\ x} + \dfrac{1}{tg\ x}\ (C_1 - x)\right]$

Aufgabe 9,4: Die Differentialgleichung

$y'' - y'(\dfrac{x-2}{x}) - \dfrac{y}{x} = 0$

bringen wir mit dem Ansatz $y = uv$ auf ihre Normalform

$v'' - \dfrac{1}{4}\ v = 0$

Die Funktion u bestimmt sich dabei nach (9,7) zu

$u = \dfrac{1}{x}\ e^{\frac{1}{2}x}$

Folglich ist

$y = u.v = \dfrac{1}{x}e^{\frac{1}{2}x}(C_1 e^{\frac{1}{2}x} + C_2 e^{-\frac{1}{2}x}) = C_1\ \dfrac{1}{x}e^x + C_2\ \dfrac{1}{x}$

1o) Anfangswertprobleme

Wir betrachten eine lineare Differentialgleichung n-ter Ordnung

$$(D^n + f_1(x)D^{n-1} + f_2(x)D^{n-2} + \ldots + f_{n-1}(x)D + f_n(x))y =$$
$$= F(x) \qquad (1o,1)$$

Von den Funktionen $f_1(x), \ldots, f_n(x)$ und $F(x)$ sei wie bisher vorausgesetzt, daß sie in einem Intervall $a \leq x \leq b$ stetig sind. Wir suchen eine Lösung des folgenden Anfangswertproblems:

Gesucht ist die Lösung $y(x)$ im Intervall $a \leq x \leq b$ der Differentialgleichung $(1o,1)$, die an der Stelle $x = x_0$ aus $a \leq x \leq b$ die "Anfangsbedingungen" erfüllt

$$y(x_0) = q_0 \; ; \; y'(x_0) = q_1 \; ; \ldots ; y^{(n-1)}(x_0) = q_{n-1} \qquad (1o,2)$$

Ist die allgemeine Lösung

$$y = G(x, C_1, C_2, \ldots, C_n) \qquad (1o,3)$$

bekannt, so können wir das Anfangswertproblem lösen, indem wir aus den Gleichungen

$$y(x_0) = q_0 = G(x_0, C_1, C_2, \ldots, C_n)$$
$$y'(x_0) = q_1 = G'(x_0, C_1, C_2, \ldots, C_n)$$
.
.
.
$$y^{(n-1)}(x_0) = q_{n-1} = G^{(n-1)}(x_0, C_1, C_2, \ldots, C_n)$$

die Konstanten C_1 bis C_n berechnen und ihre Werte in $(1o,3)$ einsetzen. $G', G'', \ldots, G^{(n-1)}$ bezeichnen dabei die Ableitungen von G nach x.

1oa) Zurückführung des Anfangswertproblems auf eine Volterrasche Integralgleichung

Bei der obigen Behandlung des Anfangswertproblems haben wir vorausgesetzt, daß uns die allgemeine Lö-

sung der Differentialgleichung (1o,1) bekannt ist.
Das folgende Verfahren gestattet es, das Anfangswertproblem für lineare Differentialgleichungen auch dann
zu lösen, wenn sich ihre allgemeine Lösung nicht ermitteln läßt.
Wir führen hier der Einfachheit halber das Lösungs·
verfahren für eine lineare Differentialgleichung drit·
ter Ordnung durch. Eine Verallgemeinerung der Lösungsmethode auf Differentialgleichungen höherer Ordnung kann ohne Schwierigkeiten durchgeführt werden.
Wir suchen die Lösung der Differentialgleichung

$$(D^3+f(x)D^2+g(x)D+h(x))y = F(x) \qquad (1o,4)$$

welche für $x = x_0$ die Anfangsbedingungen

$$y(x_0)=q_0 \quad ; \quad y'(x_0)=q_1 \quad ; \quad y''(x_0) = q_2 \qquad (1o,5)$$

erfüllt. Dazu führen wir die unbekannte Funktion $\varphi(x)$

$$D^3y(x) = \varphi(x) \qquad (1o,6)$$

ein. Wegen (1o,5) gilt dann

$$D^2y = \int_{x_0}^{x}\varphi(t)dt+q_2 \qquad (1o,7a)$$

und weiter

$$Dy= \int_{x_0}^{x} D^2y(z)dz= \int_{x_0}^{x}\{\int_{x_0}^{z}\varphi(t)dt\}\,dz+q_2(x-x_0)+q_1$$

Vertauschen wir die Integrationsreihenfolge, so können wir eine Integration ausführen und bekommen

$$Dy= \int_{x_0}^{x}(x-t)\varphi(t)dt+q_2(x-x_0)+q_1 \qquad (1o,7b)$$

Wenn wir nochmals integrieren und die Bedingungen
(1o,5) beachten, finden wir

$$y= \int_{x_0}^{x}\frac{(x-t)^2}{2!}\varphi(t)dt+ \frac{q_2}{2!}(x-x_0)^2+q_1(x-x_0)+q_0 \qquad (1o,7c)$$

Die Ausdrücke (1o,7) setzen wir in die Differentialgleichung (1o,4) ein und erhalten eine Integralgleichung für die unbekannte Funktion $\varphi(x)$

10*

148

$$\varphi(x) + \int_{x_0}^{x} \left(f(x) + g(x)(x-t) + h(x)\frac{(x-t)^2}{2!} \right) \varphi(t) dt +$$

$$+ f(x)q_2 + g(x)(q_2(x-x_0) + q_1) + \qquad (1o,8)$$

$$+ h(x) \left\{ \frac{q_2}{2!}(x-x_0)^2 + q_1(x-x_0) + q_0 \right\} = F(x)$$

Diese Integralgleichung ist eine Volterrasche Integralgleichung zweiter Art, aus der die Funktion $\varphi(x)$
bestimmt werden kann. Der Ausdruck in der eckigen
Klammer unter dem Integral

$$K(x,t) = f(x) + g(x)(x-t) + h(x)\frac{(x-t)^2}{2!} \qquad (1o,9)$$

heißt der Kern der Integralgleichung. Sind die Funktionen $f(x)$, $g(x)$ und $h(x)$ stetig im abgeschlossenen
Intervall $a \le x \le b$; dann ist die Kernfunktion $K(x,t)$
stetig in einem Streifen

$a \le x \le b$; $-\infty < t < \infty$

und die Integralgleichung $(1o,8)$ besitzt eine eindeutige Lösung $\varphi(x)$.

Ist die Lösung $\varphi(x)$ der Volterraschen Integralgleichung ermittelt, so ergibt sich die gesuchte Lösung $y(x)$ der Differentialgleichung $(1o,4)$, die den
Anfangsbedingungen $(1o,5)$ gehorcht, nach Gleichung
$(1o,7c)$.

1ob) Methode der sukzessiven Approximation zur Lösung einer Volterraschen Integralgleichung

Wir bringen die Volterrasche Integralgleichung in
die Form

$$\varphi(x) = F(x) + \int_{x_0}^{x} K(x,t)\varphi(t) dt$$

Die Funktionen $F(x)$ und $K(x,t)$ sind bekannt. Gesucht
ist die Funktion $\varphi(x)$. Sie läßt sich folgendermaßen
näherungsweise bestimmen.

In nullter Näherung approximieren wir die Funktion

$\varphi(x)$ durch $\varphi_0(x)=F(x)$. Indem wir $\varphi_0(x)=F(x)$ unter dem
Integral einsetzen, erhalten wir in erster Näherung

$$\varphi_1(x) = F(x) + \int_{x_0}^{x} K(x,t)\varphi_0(t)dt$$

Entsprechend wird dann

$$\varphi_2(x) = F(x) + \int_{x_0}^{x} K(x,t)\varphi_1(t)dt$$

Nach n Schritten ergibt sich

$$\varphi_n(x) = F(x) + \int_{x_0}^{x} K(x,t)\varphi_{n-1}(t)dt$$

Die Näherungslösungen $\varphi_n(x)$ konvergieren gegen die
exakte Lösung $\varphi(x)$, wenn die Kernfunktion $K(x,t)$ im
Dreieck

$a \leq x \leq b$; $a \leq t \leq x$

integrabel ist.

Aufgabe 1o,1: Man bestimme die Lösung von

$$y'' - \frac{2}{x+1}y' + \frac{2}{(x+1)^2} y = 0$$

welche die Anfangsbedingungen erfüllt

$y(0) = 1$; $y'(0) = 0$

Lösung: Die Differentialgleichung ist eine "Eulersche". Wir multiplizieren sie mit $(x+1)^2$. Dann führt
der Ansatz

$$y = (x+1)^n$$

zu der charakteristischen Gleichung

$(n-2)(n-1) = 0$

Die allgemeine Lösung ist also

$$y = C_1(x+1) + C_2(x+1)^2 \qquad (1o,1o)$$

Wir bestimmen die Integrationskonstanten C_1 und C_2
so, daß die Lösung (1o,4) die Anfangsbedingungen erfüllt. Wir erhalten dann

$1 = C_1 + C_2$; $0 = C_1 + 2C_2$; $C_2 = -1$; $C_1 = 2$

Die gesuchte Lösung lautet folglich

$$y = 2(x+1)-(x+1)^2 = 1-x^2$$

Aufgabe 1o,2: Man bestimme die Lösung von
$$Dy = y$$
die der Anfangsbedingung $y(0) = 1$ genügt.

Lösung: Wir setzen
$$\varphi(x) = Dy$$
dann ist
$$y = \int_0^x Dy(t)dt+1 = \int_0^x \varphi(t)dt+1 \qquad (1o,11)$$
und die Volterrasche Integralgleichung für die Funktion $\varphi(x)$ lautet
$$\varphi(x)=1+ \int_0^x \varphi(t)dt$$
Zur Bestimmung von $\varphi(x)$ verwenden wir die Methode der sukzessiven Approximation. Wir finden dann der Reihe nach
$$\varphi_0(x) = 1$$
$$\varphi_1(x) = 1+ \int_0^x dt = 1+x$$
$$\varphi_2(x) = 1+ \int_0^x \varphi_1(t)dt = 1+x+ \frac{x^2}{2!}$$
.
.
.
$$\varphi_n(x) = 1+x+ \frac{x^2}{2!} + \frac{x^3}{3!} +\ldots+ \frac{x^n}{n!}$$
Die Näherungslösungen $\varphi(x)$ konvergieren gegen die Exponentialfunktion
$$\varphi(x) = e^x$$
Nach (1o,11) finden wir schließlich die Lösung
$$y(x) = \int_0^x e^t dt+1 = e^x-1+1 = e^x$$

Aufgabe 1o,3: Man bestimme die Lösung von
$$y''- \frac{2}{x+1}y' + \frac{2}{(x+1)^2} y = 0 \qquad (1o,12)$$
welche den Anfangsbedingungen
$$y(0) = 1 \quad ; \quad y'(0) = 0 \qquad (1o,13)$$

genügt. (vgl. Aufg.1o,1)

Zur Lösung führen wir die unbekannte Funktion

$$\varphi(x) = y''$$

ein. Dann gilt wegen der Anfangsbedingungen

$$y' = \int_0^x \varphi(t)dt$$

(1o,14)

$$y = 1 + \int_0^x (x-t)\varphi(t)dt$$

Setzen wir y und die Ableitungen y' und y" in die
Differentialgleichung (1o,12) ein, so finden wir für
$\varphi(x)$ die Volterrasche Integralgleichung

$$\varphi(x) = \frac{2}{(x+1)^2} \int_0^x (t+1)\varphi(t)dt - \frac{2}{(x+1)^2}$$

Diese Integralgleichung können wir unter Verwendung
von

$$f(x) = \varphi(x)(x+1)$$

(1o,15)

auf die einfachere Form bringen

$$f(x) = \frac{2}{x+1} \int_0^x f(t)dt - \frac{2}{x+1}$$

Zu ihrer Lösung gelangen wir über die Methode der
sukzessiven Approximation. Wir erhalten dann der Reihe nach

$$f_0(x) = -\frac{2}{x+1}$$

$$f_1(x) = -\frac{2}{x+1} - \frac{4}{x+1}\int_0^x \frac{dt}{t+1} = -\frac{2}{x+1} - \frac{4}{x+1}\ln(x+1)$$

$$f_2(x) = -\frac{2}{x+1} + \frac{2}{x+1}\int_0^x f_1(t)dt = f_1(t) - \frac{8}{x+1} \frac{\ln^2(x+1)}{2!}$$

$$f_3(x) = f_2(x) - \frac{2^4}{x+1} \frac{\ln^3(x+1)}{3!}$$

.
.
.

$$f_n(x) = -\frac{2}{x+1} \left[1 + \frac{2^1}{1!}\ln(x+1) + \frac{2^2}{2!}\ln^2(x+1) + \ldots + \right.$$

$$\left. + \frac{2^n}{n!} \ln^n(x+1) \right]$$

Offensichtlich gilt

$$\lim_{n \to \infty} f_n(x) = f(x) = -\frac{2}{x+1} \, e^{2\ln(x+1)} = -2(x+1)$$

Nach (1o,15) wird dann

$$\varphi(x) = -2$$

und wir erhalten nach (1o,14) die gesuchte Lösung

$$y = -2 \int_0^x (x-t)dt+1 = -x^2+1$$

Aufgabe 1o,4: Man löse das Anfangswertproblem

$$y''+xy'-y = x$$
$$y(0) = y'(0) = 0$$

Lösung: Wir setzen

$$y'' = \varphi(x)$$
$$y' = \int_0^x \varphi(t)dt$$
$$y = \int_0^x (x-t)\varphi(t)dt$$

$\varphi(x)$ genügt dann der Integralgleichung

$$\varphi(t) = x- \int_0^x t\varphi(t)dt$$

welche wir näherungsweise lösen. Dann ist

$$\varphi_0(x)=x \; ; \; \varphi_1(x)=x-\int_0^x t^2 dt=x- \frac{1}{3} x^3$$

$$\varphi_2(x)=x- \frac{1}{3}x^3+ \frac{1}{35}x^5 \; ; \; \varphi(x)=x- \frac{1}{3}x^3+ \frac{1}{35}x^5- \frac{1}{3.5.7}x^7+..$$

Für y ergibt sich dann die Reihendarstellung

$$y = x^3 \left[\frac{1}{2} - \frac{1}{3} \right] - \frac{1}{3}x^5(\frac{1}{4} - \frac{1}{5})+\frac{1}{3.5}x^7(\frac{1}{6} - \frac{1}{7})+...$$

$$= \frac{x^3}{2.3} - \frac{x^5}{3.4.5}+\frac{x^7}{3.5.6.7} - \frac{x^9}{3.5.7.8.9}+\frac{x^{11}}{3.5.7.9.1o.11}$$

11) Integration durch Reihen

In vielen Fällen liegt eine Differentialgleichung vor, die nicht nach einer der bisher angegebenen Methoden integriert werden kann. Man kann dann versuchen, die gesuchte Lösung in Form einer konvergenten

Reihe darzustellen. Das Lösungsverfahren wird hier
der Einfachheit halber an einer linearen Differentialgleichung zweiter Ordnung durchgeführt.

$$f_1(x)y''+f_2(x)y'+f_3(x)y = 0 \qquad (11,1)$$

Wir suchen eine Lösung dieser Differentialgleichung,
die für $x = x_0$ die Werte

$$y(x_0) = y_0 \quad ; \quad y'(x_0) = y_0'$$

annimmt. Dazu bringen wir (11,1) auf die Form

$$y'' = - \left(\frac{f_2(x)}{f_1(x)} y' + \frac{f_3(x)}{f_1(x)} y \right) \qquad (11,2)$$

Setzen wir $x = x_0$ ein, so können wir $y''(x_0)$ bestimmen

$$y''(x_0) = - \left(\frac{f_2(x_0)}{f_1(x_0)} y_0' + \frac{f_3(x_0)}{f_1(x_0)} y_0 \right)$$

Entsprechend lassen sich durch Differentiation aus
(11,2) die höheren Ableitungen $y'''(x_0)$ usw. ermitteln.
Die Ableitungen

$$y_0, y_0', y''(x_0), y'''(x_0), \ldots$$

sind aber gerade die Koeffizienten der Taylorentwicklung von $y = y(x)$ um den Punkt $x = x_0$. Wir erhalten
somit die Lösung der Differentialgleichung (11,1) in
Form einer Taylorreihe

$$y=y_0+y_0'(x-x_0)+\frac{y''(x_0)}{2!}(x-x_0)^2+\ldots+\frac{y^{(n)}(x_0)}{n!}(x-x_0)^n+\ldots \qquad (11,3)$$

Dieses Verfahren führt nur dann zum Ziel, wenn die
Differentialgleichung (11,1) eine Lösung $y(x)$ besitzt, die sich um die Stelle $x = x_0$ in eine Taylorreihe entwickeln läßt.

Aufgabe 11,1: Man löse durch Taylorentwicklung um x=0

$$y' - y = x \qquad (11,4)$$

Wir lösen zunächst die homogene Gleichung

$$y' - y = 0 \qquad (11,5)$$

und suchen die Lösung, für die $y(0) = A$ gilt. Aus

154

(11,5) finden wir

$$y'(o)=A \; ; \; y''(o)=A \; ; \ldots ; \; y^{(n)}(o)=A \; ; \; \ldots$$

Die Taylorreihe lautet dann

$$y = A \{ 1+x+ \frac{x^2}{2!} + \ldots \} = Ae^x$$

Sie konvergiert für alle endlichen x. Ein partikuläres Integral von (11,4) ist $y = -x-1$. Folglich ist
die allgemeine Lösung

$$y = Ae^x-x-1$$

Eine andere Lösungsmöglichkeit besteht darin, für y
sofort den Reihenansatz

$$y = \sum_{k=o}^{\infty} a_k x^k \qquad (11,6)$$

zu verwenden. Dann ist

$$y' = \sum_{k=o}^{\infty} a_k k x^{k-1}$$

Setzen wir das in die Differentialgleichung (11,4)
ein und ordnen nach Potenzen von x, so ergibt sich

$$\sum_{k=o}^{\infty} \{a_{k+1}(k+1)-a_k\}x^k = x$$

Daraus entnehmen wir durch Koeffizientenvergleich für
$k = 0$ und 1 die Beziehungen

$$a_o = a_1 \; ; \; a_2 = \frac{1}{2} (1+a_o) \qquad (11,7)$$

Entschließen wir uns, a_o als Integrationskonstante
zu verwenden, so lassen sich a_1 und a_2 mittels (11,7)
durch a_o ausdrücken. Für $k \geq 2$ gilt dann

$$\sum_{k=2}^{\infty} \{a_{k+1}(k+1)-a_k\}x^k = 0 \qquad (11,8)$$

(11,6) ist nur dann Lösung der Differentialgleichung
(11,4), wenn die Gleichung (11,8) für alle x im Kon-
vergenzbereich der Entwicklung (11,6) identisch erfüllt ist. Daraus ergibt sich für alle $k \geq 2$ die Re-

kursion

$$a_{k+1} = \frac{a_k}{k+1}$$

Wir drücken nun alle Koeffizienten a_n durch a_2 aus.

$$a_3 = \frac{a_2}{3}$$

$$a_4 = \frac{a_3}{4} = \frac{a_2}{3.4}$$

.
.
.

$$a_n = \frac{a_2}{3.4.5....n} = \frac{2a_2}{n!}$$

Dadurch erhalten wir nach (11,6) die allgemeine Lösung der Differentialgleichung in der Gestalt

$$y = 2a_2 \sum_{k=2}^{\infty} \frac{x^n}{n} + a_0 + a_1 x$$

oder, wenn wir noch die Koeffizienten a_1 und a_2 über die Beziehungen (11,7) durch a_0 ersetzen

$$y = (1+a_0) \sum_{k=2}^{\infty} \frac{x^n}{n} + a_0(1+x)$$

Lassen wir noch die Summe mit $k = 0$ beginnen und ziehen die beiden ersten Glieder wieder ab, so ergibt sich schließlich

$$y = (1+a_0)e^x + a_0(1+x) - (1+a_0)(1+x)$$

$$y = Ae^x - 1 + x$$

wobei in der letzten Gleichung die Konstante $1+a_0$ mit A bezeichnet wurde.

Aufgabe 11.2: Löse mittels Potenzreihenansatz um x=0

$$y''' - 4y'' = 5 \qquad (11,9)$$

Lösung: Wir setzen

$$y = \sum_{n=0}^{\infty} A_n x^n$$

und die Ausdrücke

$$y'' = \sum_{n=0}^{\infty} A_n n(n-1)x^{n-2}$$

$$y''' = \sum_{n=0}^{\infty} A_n n(n-1)(n-2)x^{n-3}$$

in (11,9) ein und ordnen nach Potenzen von x. Dann ergibt sich

$$\sum_{n=0}^{\infty} x^{n-2}\{n(n-1)\left((n+1)A_{n+1}-4A_n\right)\} = 5 \qquad (11,1o)$$

Für n = 0 und n = 1 verschwindet der Ausdruck in der eckigen Klammer. Folglich sind A_0 und A_1 beliebige Integrationskonstanten. Für n = 2 finden wir

$$6A_3 - 8A_2 = 5 \qquad (11,11)$$

Wählen wir als dritte Integrationskonstante A_3, so ist A_2 durch (11,11) festgelegt. Für $n \geq 3$ ergibt sich aus (11,1o) die Rekursion

$$A_{n+1} = \frac{4A_n}{n+1} \quad ; \quad n \geq 3$$

mittels der alle Koeffizienten A_n; n>3 durch A_3 ausgedrückt werden können. Dazu bilden wir

$$A_{n+2} = \frac{4A_{n+1}}{n+2} = \frac{4^2 A_n}{(n+1)(n+2)}$$

oder allgemein

$$A_{n+m} = \frac{4^m A_n}{(n+1)(n+2)(n+3)..(n+m)}$$

Für n = 3 wird daraus

$$A_{m+3} = \frac{4^m A_3}{4.5.6...(3+m)} = \frac{4^{m+3}.6.A_3}{(m+3)!4^3}$$

Ersetzen wir m + 3 wieder durch n, so ergibt sich

$$A_n = \frac{4^n .3A_3}{n! .32}$$

Die allgemeine Lösung ist also

$$y = A_o x^o + A_1 x^1 + A_2 x^2 + \sum_{n=3}^{\infty} \frac{3A_3}{32} \frac{4^n x^n}{n!}$$

Diese Reihe konvergiert für alle x. Lassen wir die Summe mit n = 0 beginnen und ziehen die drei ersten Glieder wieder ab, so ergibt sich als allgemeine Lösung

$$y = (A_o - \frac{3}{32}A_3) + (A_1 - \frac{3}{32}A_3)x + \frac{3}{32}A_3 e^{4x} - \frac{5}{8} x^2 =$$
$$= C_1 + C_2 x + C_3 e^{4x} - \frac{5}{8} x^2$$

Aufgabe 11,3: Löse mittels Potenzreihenansatz um x=1

$$xy' - y = 2 + 2x \qquad (11,12)$$

Lösung: Wir setzen x = z + 1 und erhalten die Differentialgleichung

$$(z+1)y' - y = 2 + 2(z+1) = 2z + 3; \quad y' = \frac{dy}{dz} \qquad (11,13)$$

Wir gehen mit dem Reihenansatz

$$y = \sum_{n=o}^{\infty} A_n z^n \quad ; \quad y' = \sum_{n=o}^{\infty} A_n n z^{n-1}$$

in die Differentialgleichung (11,13) ein und ordnen nach Potenzen von z.

$$\sum_{n=o}^{\infty} \{A_{n+1}(n+1) + A_n(n-1)\} z^n = 2z + 3$$

Für n = 0 und 1 erhält man die Beziehungen

$$A_1 - A_o = 3 \quad ; \quad A_2 = 1$$

und für n ≥ 2 die Rekursion

$$A_{n+1} = - \frac{A_n(n-1)}{n+1}$$

und daraus

$$A_{n+2} = \frac{n(n-1)A_n}{(n+1)(n+2)}$$

oder allgemein

158

$$A_m = (-1)^m \frac{(m-2)(m-3)\dots 2.1.A_2}{m(m-1)(m-2)\dots 3} = (-1)^m \frac{2}{m(m-1)}$$

Folglich ist

$$y = A_o + (3+A_o)(x-1) + \sum_{n=2}^{\infty} (-1)^n \frac{2(x-1)^n}{n(n-1)} \qquad (11,14)$$

die allgemeine Lösung der Differentialgleichung
(11,12). Die Reihenentwicklung (11,14) ist für alle
x mit $|x-1| < 1$ konvergent.

12) Laplace-Transformation

Durch die Gleichung

$$F(t) = \int_a^b f(x)K(x,t)dx \qquad (12,1)$$

wird eine Integraltransformation $F(t)$ der Funktion
$f(x)$ definiert. Dabei sind a,b feste Werte und $K(x,t)$
ist eine bekannte Funktion der beiden Variablen x und
t. $K(x,t)$ wird die Kernfunktion der Transformation
genannt.

Ist speziell a = 0; b = ∞ und $K(x,t) = e^{-xt}$, so entsteht aus der Gleichung (12,1) die Laplacetransforma-
tion der Funktion $f(x)$, die wir weiterhin mit $F(t)$
oder $Lf(x)$ bezeichnen wollen.

$$F(t) = Lf(x) = \int_0^{\infty} f(x)e^{-xt}dx \qquad (12,2)$$

t kann dabei eine reelle oder auch komplexe Zahl
sein, die so gewählt werden muß, daß das Integral in
(12,2) existiert. Die Funktion $f(x)$ heißt Originalfunktion. $F(t)$ heißt die Laplace-Transformierte oder
Bildfunktion von $f(x)$.

12a) Eigenschaften der Laplacetransformation

Im folgenden sind mit $f(x)$ bzw. $g(x)$ immer Originalfunktionen und mit $F(t)$ bzw. $G(t)$ deren Bildfunktionen bezeichnet.

$$L\,f(x)=F(t)=\int_0^\infty f(x)e^{-tx}dx \;\;; \;\; G(t)=L\,g(x)=\int_0^\infty g(x)e^{-tx}dx$$

Es gelten dann die folgenden Sätze

Satz 1; (Ähnlichkeitssatz): Ist a > 0, so gilt

$$L\,f(ax)= \frac{1}{a}\,F\,(\tfrac{t}{a}) \tag{12,3}$$

Zum Beweis setzen wir ax = τ. Dann ergibt sich sofort die Behauptung nach

$$Lf(ax)=\int_0^\infty f(ax)e^{-tx}dx=\frac{1}{a}\int_0^\infty f(\tau)e^{-\frac{t}{a}\tau}\,d\tau=\frac{1}{a}\,F(\tfrac{t}{a})$$

Unmittelbar erkennt man die Gültigkeit des folgenden Satzes.

Satz 2; (Additionssatz): Für beliebige komplexe Konstante α und ß gilt

$$L\,(\alpha f(x)+\beta g(x))= \alpha F(t)+\beta G(t) \tag{12,4}$$

Ferner gilt der

Satz 3; (Verschiebungssatz); Für jedes a > 0 gilt

$$L\,(f(x)e^{-ax})=F(t+a) \tag{12,5}$$

Die Behauptung ergibt sich sofort aus

$$L\{f(x)e^{-ax}\} = \int_0^\infty f(x)e^{-(t+a)x}dx=F(t+a)$$

Für die Anwendung auf Differentialgleichungen ist der folgende Satz besonders wichtig.

Satz 4; (Differentiationssatz): Ist f(x) stetig differenzierbar, so gilt

$$L\,f'(x) = t\,F(t) - f(o) \tag{12,6}$$

Zum Beweis bilden wir

$$L\,f'(x)=\int_0^\infty f'(x)e^{-tx}dx=f(x)e^{-tx}\Big|_0^\infty +t\int_0^\infty f(x)e^{-tx}dx =$$
$$= -f(o)+t\,F(t)$$

Ist die Funktion f(x) bis zur n-ten Ordnung einschließlich stetig differenzierbar, so gilt allgemeiner

$$L\,f^{(n)}(x)=t^nF(t)-t^{n-1}f(o)-t^{n-2}f'(o)-\ldots- \tag{12,7}$$
$$-t\,f^{(n-2)}(o)-f^{(n-1)}(o)$$

160

Der Beweis ergibt sich durch wiederholte partielle
Integration

$$Lf^{(n)}(x) = \int_0^\infty f^{(n)}(x)e^{-tx}dx = f^{(n-1)}(x)e^{-tx}\Big|_0^\infty +$$

$$+ t\int_0^\infty f^{(n-1)}(x)e^{-tx}dx = -f^{(n-1)}(o) + t\int_0^\infty f^{(n-1)}(x)e^{-tx}dx$$

Aus

$$t\int_0^\infty f^{(n-1)}(x)e^{-tx}dx = -tf^{(n-2)}(o) + t^2\int_0^\infty f^{(n-2)}(x)e^{-tx}dx$$

$$t^2\int_0^\infty f^{(n-2)}(x)e^{-tx}dx = -t^2 f^{(n-3)}(o) + t^3\int_0^\infty f^{(n-3)}(x)e^{-tx}dx$$

u.s.w.

folgt die Behauptung. Ferner gelten die Sätze

Satz 5: (Multiplikationssatz):

$$Lx^n f(x) = (-1)^n F^{(n)}(t) \qquad (12,8)$$

(vgl. Aufg. 12,1)

Satz 6: (Integrationssatz):

$$L\int_0^x f(\tau)d\tau = \frac{F(t)}{t} \qquad (12,9)$$

(zum Beweis siehe Aufg. 12,2)

Satz 7: (Divisionssatz): Konvergiert das Integral

$$\int_t^\infty F(t)dt$$

gleichmäßig, so gilt

$$L(\frac{f(x)}{x}) = \int_t^\infty F(t)\,dt \qquad (12,10)$$

(vgl. Aufgabe 12,3).

Mittels der oben angeführten Sätze können die
Bildfunktionen zu einer Reihe von Originalfunktionen
ermittelt werden. Beispiele dafür sind in der folgenden Tabelle zusammengestellt.

lfd. Nr.	Original- funktion f(x)	Bildfunktion F(t)	
1	1	$\dfrac{1}{t}$	(vgl.Aufgabe 12,4)
2	e^{ax}	$\dfrac{1}{t-a}$	(vgl.Aufgabe 12,5)
3	sin ax	$\dfrac{a}{t^2+a^2}$	(vgl.Aufgabe 12,6)
4	cos ax	$\dfrac{t}{t^2+a^2}$	
5	cosh ax	$\dfrac{t}{t^2-a^2}$	
6	sinh ax	$\dfrac{a}{t^2-a^2}$	
7	x^n	$\dfrac{n!}{t^{n+1}}$	(vgl.Aufgabe 12,7)
8	$e^{-bx}\cos ax$	$\dfrac{t+b}{(t+b)^2+a^2}$	
9	$e^{-bx}\sin ax$	$\dfrac{a}{(t+b)^2+a^2}$	
1o	$x^n e^{-bx}$	$\dfrac{n!}{(t+b)^{n+1}}$	(vgl.Aufgabe 12,7)

Tabelle 1

Aufgabe 12,1: Man beweise Satz 5. Aus

$$F(t)= L\,f(x) = \int\limits_{0}^{\infty} f(x)e^{-tx}dx$$

ergibt sich

$$F'(t)=- \int\limits_{0}^{\infty} xf(x)e^{-tx}dx=- L\,(xf(x))$$

und ferner

$$F''(t)=(-1)^2 \int\limits_{0}^{\infty} x^2 f(x)\,e^{-tx}\,dx = (-1)^2\,L\{x^2 f(x)\}$$

und schließlich

11 Weizel, Differentialgleichungen

$$F^{(n)}(t) = (-1)^n L (x^n f(x))$$

Aufgabe 12,2: Man beweise Satz 6:

Wir setzen

$$g(x) = \int\limits_0^x f(\tau)d\tau$$

Dann gilt

$$g(o) = 0 \quad \text{und} \quad g'(x) = f(x) \qquad (12,11)$$

Ferner sei

$$L g(x) = G(t)$$

dann gilt nach Satz 4 und $(12,11)$

$$L g'(x) = tG(t) = L f(x) = F(t)$$

Folglich ist

$$G(t) = \frac{F(t)}{t}$$

Aufgabe 12,3: Man beweise Satz 7.

Da $F(t) = L f(x)$ ist, gilt

$$\int\limits_t^\infty F(t)dt = \int\limits_t^\infty \{ \int\limits_0^\infty f(x)e^{-tx}dx \} dt$$

wegen der gleichmäßigen Konvergenz bezüglich t können die Integrationen vertauscht werden.

$$\int\limits_t^\infty F(t)dt = \int\limits_0^\infty f(x) \{ \int\limits_t^\infty e^{-tx}dt \} dx = \int\limits_0^\infty f(x) (- \frac{1}{x}e^{-tx})_t^\infty dx =$$

$$= \int\limits_0^\infty \frac{f(x)}{x}e^{-tx}dx = L \frac{f(x)}{x}$$

Aufgabe 12,4: Die Laplace-Transformierte einer Konstanten C bestimmt sich zu

$$LC=C \int\limits_0^\infty e^{-tx}dx = -C\frac{1}{t}e^{-tx} \Big|_0^\infty = \frac{C}{t} \quad \text{für} \quad t > 0$$

Aufgabe 12,5: Die Originalfunktion $f(x)=e^{ax}$ hat die Bildfunktion

$$\frac{1}{t-a} \quad \text{für} \quad t > 0$$

denn es gilt

$$L e^{ax} = \int\limits_0^\infty e^{ax}e^{-tx}dx = \frac{1}{a-t}e^{-(a-t)x} \Big|_0^\infty = \frac{1}{t-a}$$

Aufgabe 12,6: Man bestimme die Laplace-Transformierte von $f(x)=\sin ax$.

Lösung: Es ist

$$\sin ax = \frac{1}{2i}(e^{iax}-e^{-iax})$$

Nach dem Additionssatz (Satz 1) und dem Ergebnis der vorigen Aufgabe erhält man sofort

$$L(\sin ax) = \frac{1}{2i}\left(\frac{1}{t-ia} - \frac{1}{t+ia}\right) = \frac{a}{t^2+a^2}$$

Auf ähnliche Weise gelangt man zu den in Tabelle 1 angegebenen Laplacetransformierten der Funktionen $\cos ax$, $\sinh ax$ und $\cosh ax$.

Aufgabe 12,7: Man berechne die Bildfunktion von $f(x)=x^n e^{-bx}$.

Bezeichnen wir die Bildfunktion von x^n mit $F(t)$

$$L(x^n) = F(t)$$

so gilt nach dem Verschiebungssatz (Satz 3)

$$L(x^n e^{-bx})=F(t+b)$$

Andererseits gilt nach Satz 5 und Aufgabe 12,4

$$L(x^n \cdot 1)=(-1)^n \frac{d^n}{dt^n}\frac{1}{t} = \frac{n!}{t^{n+1}}$$

Folglich ist

$$L(x^n e^{-bx}) = \frac{n!}{(t+b)^{n+1}}$$

12b) Inverse Laplace-Transformation

Es sei $F(t)$ die Bildfunktion von $f(x)$. Also gilt

$$Lf(x) = F(t)$$

$f(x)$ wird die inverse Laplace-Transformierte von $F(t)$ genannt und mit

$$f(x) = L^{-1}F(t)$$

bezeichnet. Wie man an Hand der Tabelle 1 sehen kann,

sind die Laplace-Transformierten der elementaren
Funktionen rationale Funktionen in t. Man kann deshalb in vielen Fällen bei vorgegebener Bildfunktion
durch Partialbruchzerlegung und Anwendung der oben
aufgeführten Sätze auf die Originalfunktion schlies-
sen.

Aufgabe 12,8: Es sei

$$F(t) = \frac{1}{t^2 - 3t + 2}$$

eine Bildfunktion. Gesucht ist die zugehörige Originalfunktion $f(x)$.

Lösung: Es ist

$$F(t) = \frac{1}{t-2} - \frac{1}{t-1}$$

Zu $f(x)$ gelangen wir nach Nr. 2 der Tabelle 1 und
finden

$$f(x) = L^{-1} F(t) = e^{2x} - e^x$$

Aufgabe 12,9: Gesucht ist die Originalfunktion $f(x)$
von

$$F(t) = \frac{t+5}{t^2+4} = \frac{t}{t^2+4} + \frac{5}{2} \frac{2}{t^2+4}$$

Nach Tabelle 1 Nr. 3 und 4 ergibt sich

$$f(x) = \cos 2x + \frac{5}{2} \sin 2x$$

Aufgabe 12,1o: Die Originalfunktion $f(x)$ zu

$$F(t) = \frac{1}{t(t^2 - 3t + 2)}$$

findet man folgendermaßen. Nach Aufgabe 12,8 gilt

$$L^{-1} \frac{1}{t^2 - 3t + 2} = e^{2x} - e^x$$

Nach Satz 6 ergibt sich dann

$$L^{-1} \frac{1}{t(t^2 - 3t + 2)} = \int_o^x (e^{2x} - e^x) dx = \frac{1}{2} e^{2x} - e^x - \frac{1}{2}$$

12c) Anwendung der Laplace-Transformation auf lineare Differentialgleichungen

Wir betrachten die lineare Differentialgleichung
mit konstanten Koeffizienten

$$a_n y^{(n)} + a_{n-1} y^{(n-1)} + \ldots + a_1 y' + a_0 y = f(x) \qquad (12,12)$$

Mit $\eta(t)$ sei die Laplace-Transformierte der gesuchten Funktion $y(x)$ bezeichnet.

$$\eta(t) = L y(x) = \int_o^\infty e^{-tx} y(x) dx \qquad (12,13)$$

Nach dem Differentiationssatz (Satz 4) finden wir der
Reihe nach

$$L\, a_n y^{(n)} = a_n \{ t^n \eta - t^{n-1} y(o) - t^{n-2} y'(o) - \ldots -$$
$$- t y^{(n-2)}(o) - y^{(n-1)}(o) \}$$

$$L\, a_{n-1} y^{(n-1)} = a_{n-1} \{ t^{n-1} \eta - t^{n-2} y(o) - t^{n-3} y'(o) -$$
$$- t y^{(n-3)}(o) - y^{(n-2)}(o) \}$$

.
.
.

$$L\, a_2 y'' = a_2 \{ t^2 \eta - t y(o) - y'(o) \}$$

$$L\, a_1 y' = a_1 \{ t \eta - y(o) \}$$

$$L\, a_0 \eta = a_0 \eta$$

Ferner sei

$$L f(x) = F(t)$$

Wir setzen alle diese Ausdrücke in die Differentialgleichung (12,12) ein und gelangen zur zugehörigen
Bildgleichung

$$\eta \{ a_n t^n + a_{n-1} t^{n-1} + \ldots + a_1 t + a_0 \} = F(t) +$$

$$+ y(o) \{ a_n t^{n-1} + a_{n-1} t^{n-2} + \ldots + a_2 t + a_1 \}$$

$$+ y'(o) \{ a_n t^{n-2} + a_{n-1} t^{n-1} + \ldots + a_2 \} \qquad (12,14)$$

+...
·
·
·
$+y^{(n-2)}(o)\{a_n t+a_{n-1}\}$

$+y^{(n-1)}(o)a_n$

Wir lösen nach η auf und finden

$$\eta = \frac{F(t)+P(t)}{Q(t)} \qquad (12,15)$$

wobei $P(t)$ und $Q(t)$ vorgegebene Polynome in t sind.
Die Lösung der Differentialgleichung $(12,12)$ ergibt
sich dann sofort aus

$$y(x)= L^{-1}\ \eta(t)= L^{-1}\ \frac{F(t)+P(t)}{Q(t)}$$

(vgl. Aufgabe $12,11$).

Ist

$Ly(x) = \eta(t)$

so ergibt sich nach Satz 5

$$Lxy = -\ \eta' \qquad (12,16)$$

Nach Satz 5 und Satz 4 findet man

$$Lxy' = -\ \frac{d}{dt}\ Ly' = -\ \frac{d}{dt}\{t\eta-y(o)\} = -\eta-t\eta'$$

$$Lxy'' = -\ \frac{d}{dt}\ Ly'' = -\ \frac{d}{dt}\{t^2\eta-ty(o)-y'(o)\} = \qquad (12,17)$$

$$= -t^2\eta'-2t\eta+y(o)$$

Die Formeln $(12,16)$ und $(12,17)$ können verwendet werden, um lineare Differentialgleichungen zu lösen, deren Koeffizienten lineare Funktionen in x sind, (vgl.
Aufg. $12,12$ und 13).

Aufgabe 12,11: $y'-y = x-1$
Nach Gleichung $(12,14)$ lautet die Bildgleichung

$\eta(t-1)=F(t)+y(o)$

mit

$$F(t)= L(x-1)= \frac{1}{t^2} - \frac{1}{t} = \frac{1}{t^2}(1-t)$$

Mithin ist

$$\eta(t) = -\frac{1}{t^2} + \frac{y(o)}{t-1}$$

Nach Nr. 7 und Nr. 2 der Tabelle finden wir

$$y(x) = L^{-1}\,\eta(t) = -x + y(o)e^x = Ce^x - x$$

<u>Aufgabe 12,12:</u> $xy'' - (2x+1)y' + (x+1)y = 2x^2 e^x$

Wir verwenden die Formeln $(12,16)$ und $(12,17)$ und

$$Lx^2 e^x = \frac{2}{(t+1)^3}$$

und gelangen zur Bildgleichung in $\eta(t)$ und t

$$\eta' + \eta\,\frac{3}{t-1} = \frac{2y(o)}{(t-1)^2} - \frac{4}{(t-1)^5}$$

einer linearen Differentialgleichung erster Ordnung.
Ihre Lösung ist

$$\eta = 2C\,\frac{1}{(t-1)^2} + \frac{y(o)}{t-1} + \frac{4}{(t-1)^4}$$

Wir bilden $L^{-1}\eta$ und finden nach Tabelle 1 die allgemeine Lösung

$$y = L^{-1}\,\eta = Cx^2 e^x + y(o)e^x + \frac{2}{3}\,x^3 e^x$$

<u>Aufgabe 12,13:</u>

$$xy'' - 2(ax+b)y' + (a^2 x + 2ab)y = 0$$

Nach $(12,16)$ und $(12,17)$ findet man die Bildgleichung

$$\eta' + 2\,\eta(1+b)\frac{1}{t-a} = \frac{y(o)(1-2b)}{(t-a)^2}$$

mit der allgemeinen Lösung

$$\eta = \frac{y(o)(1-2b)}{1+2b}\,\frac{1}{t-a} + C\,\frac{1}{(t-a)^{2(1+b)}}$$

Wir bilden $L^{-1}\eta$ und finden nach Tabelle 1

$$L^{-1}\,\eta = y = C_1 e^{ax} + C_2 x^{2b+1} e^{ax}$$

168

IV. Spezielle nichtlineare Differentialgleichungen

Ist eine Differentialgleichung n-ter Ordnung

$$F(x,y,y',\ldots,y^{(n)})=0 \qquad (1,1)$$

gegeben, so läßt sich in einigen speziellen Fällen
eine Methode angeben, um die Ordnung dieser Differentialgleichung zu reduzieren.

1) Fälle, in denen sich die Ordnung der Differentialgleichung reduzieren läßt

Zunächst betrachten wir den Fall, daß die Differentialgleichung die abhängige Variable y nicht explizit enthält, oder allgemeiner, daß mit y auch die
ersten k-1 Ableitungen $y',y'',\ldots y^{(k-1)}$ nicht in der
Gleichung (1,1) auftreten. Somit ist die niedrigste
in der Differentialgleichung explizit enthaltene Ableitung $y^{(k)}$ (1≤k≤n-1), und die Differentialgleichung hat die Gestalt

$$F(x,y^{(k)},y^{(k+1)},\ldots y^{(n)})=0 \qquad (1,2)$$

Mit Hilfe der Substitution

$$z = y^{(k)}$$

geht die Gleichung (1,2) über in die Differentialgleichung

$$F(x,z,z',\ldots z^{(n-k)}) = 0$$

welche von (n-k)-ter Ordnung ist. (vgl. III, Aufgaben
7,5 bis 7,8).

Ein weiterer Fall, der es gestattet, die Ordnung
der Differentialgleichung (1,1) zu erniedrigen, liegt
vor, wenn die unabhängige Variable x nicht explizit
in der Differentialgleichung enthalten ist. Die Differentialgleichung ist dann von der Form

$$F(y,y',y'',\ldots,y^{(n)}) = 0 \qquad (1,3)$$

Durch die Substitution

$$p = \frac{dy}{dx} = p(y) \qquad (1,4a)$$

erhalten wir p als neue gesuchte Funktion, wobei wir
y als unabhängige Veränderliche betrachten. Damit ergibt sich für die Ableitungen

$$y'' = \frac{dp}{dx} = \frac{dp}{dy}\frac{dy}{dx} = p'p \quad ; \quad y''' = p^2p'' + pp'^2 \quad \text{u.s.w.} \qquad (1,4b)$$

Setzen wir diese Ausdrücke für $y'', y''', \ldots, y^{(n)}$ als
neue Veränderliche in die Gleichung (1,3) ein, so erhalten wir eine neue Differentialgleichung (n-1)-ter
Ordnung für $p(y)$

$$G(p, p', p'', \ldots, p^{(n-1)}) = 0$$

Besitzt nun diese Differentialgleichung eine Lösung
$p = \varphi(y) \neq 0$, so läßt sich eine Lösung der ursprünglichen
Differentialgleichung (1,3) über

$$x = \int \frac{dy}{\varphi(y)} + C \qquad (1,5)$$

bestimmen. (vgl. Aufgaben 1,1 bis 1,3).

Ist die Funktion $F(x, y, y', \ldots y^{(n)})$ eine **homogene
Funktion** vom Grade m in y und seinen Ableitungen,
d.h. gilt

$$F(x, \lambda y, \lambda y', \ldots, \lambda y^{(n)}) = \lambda^m F(x, y, y', \ldots, y^{(n)})$$

wobei λ eine beliebige Konstante ist, so läßt sich
die Ordnung der Differentialgleichung (1,1) um eins
erniedrigen. Dazu dividieren wir die Differentialgleichung (1,1) durch y^m und erhalten eine Gleichung
der Form

$$G(x, \frac{y'}{y}, \frac{y''}{y}, \ldots, \frac{y^{(n)}}{y}) = 0$$

Mittels der Substitution

$$y' = zy$$

ergibt sich dann eine Differentialgleichung (n-1)-ter
Ordnung in z und x. (vgl. Aufgaben 1,4 und 1,5).

Ist die Funktion $F(x, y, y', \ldots y^{(n)})$ homogen vom

170

Grade m in x und dx, so gilt

$$F(x,y,\lambda^{-1}y',\lambda^{-2}y'',\ldots,\lambda^{-n}y^{(n)}) =$$

$$= \lambda^m F(x,y,y',\ldots,y^{(n)})$$

Wir dividieren in diesem Fall die Differentialgleichung (1,1) durch x^m und gelangen zu einer Gleichung der Form

$$G(x,xy',x^2y'',\ldots,x^n y^{(n)}) = 0 \qquad (1,6)$$

Wir führen nun die Transformation $x = e^t$, mit

$$y'= \frac{dy}{dt}\frac{1}{x} \; ; \; y'' =(\frac{d^2y}{dt^2} - \frac{dy}{dt})\frac{1}{x^2} \; ; \; u.s.w.$$

durch und setzen anschließend

$$\frac{dy}{dt} = v(y) \; ; \; \frac{d^2y}{dt^2} = \frac{dv}{dt} = \frac{dv}{dy} v \quad u.s.w.$$

Die Differentialgleichung (1,6) geht dann in eine Gleichung der Ordnung (n-1) in v und y über. (vgl. Aufgabe 1,6 und 7).

Aufgabe 1,1: $F(y)y''+(y')^2 F'(y) = 0$
Wir setzen
$$y'=p(y) \; ; \; y''=p'p$$
und finden
$$F(y)pp'+p^2 F'(y) = 0$$
oder wenn $p \neq 0$
$$\frac{dp}{p} = - \frac{F'(y)}{F(y)} dy$$
Durch Integration erhalten wir
$$\frac{dy}{dx} = p = C_1 \frac{1}{F(y)}$$
Mithin lautet die allgemeine Lösung
$$x = \frac{1}{C_1} \int F(y)dy + C_2$$

Aufgabe 1,2: $\quad y''=-g'(y)(y')^3+((y')^2 g(y)-y')f(y)$ (1,7)

Da in dieser Differentialgleichung x nicht explizit vorkommt, setzen wir nach (1,4a) und (1,4b)

$$y'=p(y) \quad ; \quad y'' = pp'$$

und erhalten für p die Riccatische Differentialgleichung

$$p'=-g'(y)p^2+pg(y)f(y)-f(y)$$

Eine partikuläre Lösung ist (vgl. II S.42)

$$p = \frac{1}{g(y)}$$

Die allgemeine Lösung der Riccatigleichung ergibt sich nach (II.3,43) und (II.3,45) zu

$$p = \frac{1}{g(y)} + \frac{1}{u(y)}$$

mit

$$u(y)=g^2 e^{-\int g f dy} \left\{ C+ \int \frac{g'}{g^2} e^{\int g f dy} dy \right\}$$

Die allgemeine Lösung von (1,7) lautet dann nach (1,5)

$$x = \int \frac{g(y)u(y)}{g(y)+u(y)} dy + C_1$$

Aufgabe 1,3: Die Differentialgleichung

$$y''+(y')^2 g(y) = 0$$

enthält x nicht explizit. Wir setzen deshalb $y'=p(y)$ und finden nach (1,4b)

$$p'=-pg(y)$$

oder

$$p = Ce^{-\int g dy}$$

Nach Gleichung (1,5) lautet dann die gesuchte allgemeine Lösung

$$x=C \int e^{\int g dy} dy + C_1$$

Aufgabe 1,4: In der Differentialgleichung

$$F(x,y,y',y'')=0 \tag{1,8}$$

sei $F(x,y,y',y'')$ eine homogene Funktion vom Grade m
in y, y' und y''. Wir dividieren $(1,8)$ durch y^m und
gelangen zur Differentialgleichung

$$G(x,\frac{y'}{y},\frac{y''}{y}) = 0$$

Diese Differentialgleichung unterwerfen wir der Trans·
formation

$$y = e^{\int z(x)dx}$$

indem wir über

$$y'=zy \quad ; \quad y''=y(z'+z^2) \tag{1,9}$$

eine neue abhängige Veränderliche einführen. Das
führt zu der Differentialgleichung erster Ordnung in
z und x

$$G(x,z,z'+z^2) = 0 \tag{1,1o}$$

Aufgabe 1,5: In der linearen Differentialgleichung
zweiter Ordnung

$$y''=(xy'-y)f(x) \tag{1,11}$$

ist die Funktion

$$y''-(xy'-y)f(x)$$

homogen in y und den Ableitungen y' und y'' vom Grade
1. Wir dividieren die Differentialgleichung $(1,1o)$
durch y und führen über die Beziehungen $(1,9)$ der
vorigen Aufgabe die neue abhängige Veränderliche z
ein. Das führt zu der Riccatischen Differentialgleichung

$$z'=-z^2+(xz-1)f(x)$$

Eine partikuläre Lösung ist $z = \frac{1}{x}$. Wir setzen $z=\frac{1}{x}+\frac{1}{u}$
und finden für $u(x)$ nach Kapitel II$(3,45)$

$$u(x)=x^2 e^{-\int xfdx} \{ C+ \int \frac{1}{x^2} e^{\int xfdx} dx \}$$

Die allgemeine Lösung von $(1,11)$ ergibt sich schließlich aus

$$y' = \dot{z}y$$

173

zu

$$y = C_1 e^{\int z(x)dx}$$

Aufgabe 1,6: Die Funktion $F(x,y,y',y'')$
sei homogen vom Grade m in x und dx. Wir dividieren
dann die Differentialgleichung

$$F(x,y,y',y'') = 0 \qquad (1,12)$$

durch x^m und gelangen zu der Gleichung

$$G(y,xy',x^2 y'') = 0 \qquad (1,13)$$

Wir führen die Transformation $x = e^t$ durch und finden

$$xy' = \frac{dy}{dt} \quad ; \quad x^2 y'' = \frac{d^2 y}{dt^2} - \frac{dy}{dt} \qquad (1,14)$$

Setzen wir nun

$$\frac{dy}{dt} = v(y) \quad \text{also} \quad \frac{d^2 y}{dt^2} = \frac{dv}{dt} = \frac{dv}{dy} v \qquad (1,15)$$

so geht $(1,13)$ in die Differentialgleichung erster
Ordnung in v und y über.

$$G(y,v(y), \frac{dv}{dy}v - v) = 0 \qquad (1,16)$$

Aufgabe 1,7: $y^2 y'' + x(y')^3 - y(y')^2 = 0$
Die linke Seite dieser Differentialgleichung ist eine
homogene Funktion in x und dx vom Grade -2. Wir multiplizieren mit x^2 und dividieren durch y^2 und gelangen zu

$$x^2 y'' = -\frac{1}{y^2} x^3 (y')^3 + \frac{1}{y} x^2 (y')^2$$

Wir transformieren die Variablen wie in der vorigen
Aufgabe und erhalten die Riccatische Differentialgleichung

$$\frac{dv}{dy} = -v^2 \frac{1}{y^2} + \frac{v}{y} + 1$$

Eine partikuläre Lösung ist v=y. Wir setzen

$$v = y + \frac{1}{u(y)}$$

wobei sich u(y) nach Formel (3,45) aus Kapitel II zu

$$u(y)=Cy - \frac{1}{2y}$$

bestimmt. Für v(y) finden wir damit

$$v = y + \frac{2y}{2Cy^2-1}$$

Die allgemeine Lösung y(x) ergibt sich schließlich
aus

$$x = C_1 e^{\int v(y)dy}$$

Bei der Ausführung der letzten Integration ist auf
das Vorzeichen von C zu achten.

2) Die Differentialgleichung $y''+f(x)y'+g(y)(y')^2=0$

Zur Lösung der nichtlinearen Differentialgleichung

$$y''+f(x)y'+g(y)(y')^2=0 \qquad (2,1)$$

setzen wir

$$y'=u(x)v(y) \quad ; \quad y''=u'v(y)+u\frac{dv}{dy}y'$$

Dann hat die Gleichung (2,1) die Gestalt

$$u'v(y)+u\frac{dv}{dy}y'+fuv(y)+g(y)u^2v^2(y)=0$$

bzw., da gilt

$$u\frac{dv}{dy}y' = u^2\frac{dv}{dy}v(y)$$

$$v(y)u^2\left[\frac{dv}{dy} + v(y)g(y)+ \frac{u'+fu}{u^2}\right] = 0 \qquad (2,2)$$

Im Falle u = 0 oder v = 0 erhalten wir jeweils y'=0,
also die triviale Lösung y = const. Um nichttriviale
Lösungen zu gewinnen, muß der Klammerausdruck in
Gleichung (2,2) verschwinden. Dieses können wir er-
zielen, wenn jeder Summand in der Klammer einzeln
für sich Null ergibt. Es muß also gelten

$$\frac{dv}{dy} + v(y)g(y)=0 \quad \text{und} \quad \frac{u'+fu}{u^2} = 0$$

Daraus folgt

$$u = C_1 e^{-\int f \, dx} \quad ; \quad v = C_2 e^{-\int g \, dy}$$

Dann gilt

$$y' = u \cdot v = K e^{-\int f \, dx - \int g \, dx}$$

und durch Trennung der Variablen

$$e^{\int g \, dy} \, dy = K e^{-\int f(x) \, dx} \, dx$$

finden wir die allgemeine Lösung der Ausgangsgleichung (2,1).

V Randwertprobleme

1) Zurückführung der Randwertaufgabe auf die Lösung einer Fredholmschen Integralgleichung

In ähnlicher Weise wie in Abschnitt III, 1o Anfangswertprobleme für lineare Differentialgleichungen auf die Lösung einer Volterraschen Integralgleichung zurückgeführt wurden, werden wir hier die Lösung eines Randwertproblems bei einer linearen Differentialgleichung über eine Fredholmsche Integralgleichung gewinnen.

Das Lösungsverfahren wird hier an Hand des Randwertproblems für die folgende lineare Differentialgleichung durchgeführt.

$$y'' + f(x) y' + g(x) y = F(x) \tag{1,1}$$

wobei die Funktionen $g(x)$ und $F(x)$ im Intervall

$$a \leq x \leq b \tag{1,2}$$

stetig sein sollen und die Funktion $f(x)$ dort stetig differenzierbar vorausgesetzt wird. Wir suchen im Intervall (1,2) eine partikuläre Lösung der Differentialgleichung (1,1), welche in den Randpunkten $x = a$ und $x = b$ die vorgegebenen Werte

$$y(a) = y_0 \quad ; \quad y(b) = y_1 \tag{1,3}$$

annimmt. Zu diesem Zweck integrieren wir die Gleichung (1,1) von a bis x und erhalten unter Verwendung
von $y(a) = y_0$

$$y'(x)=C+\int_a^x F(t)dt-f(x)y(x)+f(a)y_0+$$
$$+\int_a^x (f'(t)-g(t))y(t)dt \qquad (1,4)$$

Dabei bedeutet C eine Integrationskonstante. Durch
nochmalige Integration ergibt sich

$$y(x)-y_0=(C+f(a)y_0)(x-a)+\int_a^x \int_a^s F(t)dt\ ds\ -$$
$$-\int_a^x f(t)y(t)dt+\int_a^x \int_a^s (f'(t)-g(t))y(t)dt\ ds \qquad (1,5)$$

Vertauscht man die Integrationsreihenfolge in den
Doppelintegralen, so kann eine Integration ausgeführt
werden. Man gelangt dann zu

$$y(x)-y_0=(C+f(a)y_0)(x-a)+\int_a^x F(t)(x-t)dt$$
$$-\int_a^x \{f(t)-(f'(t)-g(t))(x-t)\}y(t)dt \qquad (1,6)$$

Wir können nun den Wert der Integrationskonstanten C
bestimmen, indem wir in Gleichung (1,6) x = b setzen
und außerdem die zweite Randbedingung $y(b)=y_1$ verwenden

$$C+f(a)y_0=\frac{1}{b-a}\{y_1-y_0-\int_a^b F(t)(b-t)dt+\int_a^b (f(t)-$$
$$(f'(t)-g(t))(b-t)]\ y(t)dt\ \}$$

Damit ergibt sich nach Gleichung (1,6)

$$y(x)=G(x)-\int_a^x \{f(t)-(f'(t)-g(t))(x-t)\}\ y(t)dt+$$
$$+\int_a^b \frac{x-a}{b-a}(f(t)-(f'(t)-g(t)(b-t))y(t)dt \qquad (1,7)$$

wobei mit G(x) die folgende bekannte Funktion bezeichnet wurde

$$G(x)=y_0+\int_a^x F(t)(x-t)dt+\frac{x-a}{b-a}\{y_1-y_0-$$
$$-\int_a^b F(t)(b-t)dt\ \} \qquad (1,8)$$

Die Integralgleichung $(1,7)$ können wir als <u>Fredholm-</u>
<u>sche Integralgleichung</u>

$$y(x)=G(x)+\int_a^b K(x,t)y(t)\ dt \qquad (1,9)$$

schreiben, wobei die <u>Kernfunktion</u> $K(x,t)$ die folgende
Gestalt hat

$$K(x,t)=\frac{x-a}{b-a}\{f(t)-(f'(t)-g(t))(b-t)\}\ \text{für}\ t>x \quad (1,1\text{oa})$$

und

$$K(x,t)=f(t)\frac{x-b}{b-a}+(f'(t)-g(t))\frac{(b-x)(t-a)}{(b-a)} \qquad (1,1\text{ob})$$

$$\text{für}\ t<x$$

Für eine Differentialgleichung mit konstanten Koeffizienten

$$f(x) = \alpha \quad ; \quad g(x) = ß$$

vereinfacht sich die Kernfunktion $K(x,t)$ zu

$$K(x,t) = \frac{x-a}{b-a}(\alpha+ß(b-t)) \quad \text{für}\ t>x \qquad (1,11\text{a})$$

und

$$K(x,t)=\frac{1}{b-a}(x-b)(\alpha+ß(t-a)) \quad \text{für}\ t<x \qquad (1,11\text{b})$$

Die Kernfunktion $K(x,t)$ ist für $x = t$ unstetig, sofern $f(x)$ im Intervall $(1,2)$ nicht identisch verschwindet. Die Kernfunktion $K(x,t)$ der Gleichungen
$(1,11)$ ist antisymmetrisch, d.h. es gilt

$$K(x,t) = - K(t,x)$$

wenn $\alpha = 0$ gilt.

2) Greensche Funktion

Wir betrachten das folgende Randwertproblem

$$\frac{d}{dx}(p(x)\frac{dy}{dx})+g(x)y=F(x) \qquad (2,1)$$

$$a \leq x \leq b \qquad (2,2)$$

$$y(a) = 0 \quad ; \quad y(b) = 0 \qquad (2,3)$$

Dabei setzen wir voraus, daß die Funktionen $F(x)$ und
$g(x)$ im Intervall $(2,2)$ stetig sind und daß dort $p(x)$

178

stetig differenzierbar und überall von Null verschieden ist.

Bezeichnen $u(x)$ und $v(x)$ zwei linear unabhängige
Lösungen der zu $(2,1)$ gehörigen homogenen Differentialgleichung

$$\frac{d}{dx}(p(x)\frac{dy}{dx})+g(x)y = 0 \qquad (2,4)$$

so gilt

$$\frac{d}{dx}\{p(u'v-v'u)\} =v\frac{d}{dx}(pu')-u\frac{d}{dx}(pv') = 0$$

Mithin ist der Ausdruck

$$p(x)\{u'(x)v(x)-u(x)v'(x)\} = A \qquad (2,5)$$

im Intervall $(2,2)$ von Null verschieden und gleich
einer Konstante A; denn nach Voraussetzung ist $p(x)\neq0$
und die Wronskideterminante

$$\{u'(x)v(x)-u(x)v'(x)\} =W(x)$$

der linear unabhängigen Lösungen ist ebenfalls von
Null verschieden.

Eine partikuläre Lösung der inhomogenen Differentialgleichung $(2,1)$ können wir durch Variation der
Konstanten aus der allgemeinen Lösung

$$y=C_1u(x)+C_2v(x)$$

der homogenen Gleichung $(2,4)$ gewinnen. Das führt zu
dem Gleichungssystem

$$C_1'(x)u(x)+C_2'(x)v(x)=0$$

$$C_1'(x)u'(x)+C_2'(x)v'(x)=\frac{F(x)}{p(x)}$$

Man gewinnt daraus

$$C_1(x)=-\int \frac{v(x)F(x)}{A}dx$$

$$C_2(x)= \int \frac{u(x)F(x)}{A}dx$$

Die allgemeine Lösung der Differentialgleichung $(2,1)$
lautet also

$$y(x)=C_1u(x)+C_2v(x)+\frac{1}{A}\{v(x)\int u(x)F(x)dx-u(x)$$

$$\int v(x)F(x)dx\}$$

Zur Lösung des Randwertproblems der Gleichungen (2,1)
bis (2,3) verwenden wir deshalb den Lösungsansatz

$$y(x)= \int_a^x R(x,t)F(t)dt+C_1u(x)+C_2v(x) \qquad (2,6)$$

wobei $R(x,t)$ eine Abkürzung für die Funktion

$$R(x,t)=\frac{1}{A}\{ v(x)u(t)-u(x)v(t)\} \qquad (2,7)$$

bedeutet. Führen wir die Randbedingungen (2,3) in die
Gleichung (2,6) ein, so ergibt sich für die beiden
Konstanten C_1 und C_2 das Gleichungssystem

$$C_1u(a)+C_2v(a) = 0$$

$$C_1u(b)+C_2v(b)=-\int_a^b R(b,t)F(t)dt$$

welches unter der Voraussetzung, daß seine Koeffizientendeterminante

$$D=u(a)v(b)-u(b)v(a)\neq0 \qquad (2,8)$$

von Null verschieden ist, eine eindeutige Lösung für
C_1 und C_2 besitzt, nämlich

$$C_1=\frac{v(a)}{D}\{\int_a^x R(b,t)F(t)dt+\int_x^b R(b,t)F(t)dt \}$$

$$C_2=-\frac{u(a)}{D}\{\int_a^x R(b,t)F(t)dt+\int_x^b R(b,t)F(t)dt\} \qquad (2,9)$$

Mit diesen Werten für C_1 und C_2 erhalten wir nach
Gleichung (2,6) die Lösung des Randwertproblems $y(x)$
in der Gestalt

$$y(x)= \int_a^x \{ R(x,t)+\frac{1}{D}(v(a)u(x)-u(a)v(x)) R(b,t) \} F(t)dt+$$

$$+ \int_x^b \frac{1}{D}(v(a)u(x)-u(a)v(x)) R(b,t)F(t)dt \qquad (2,1o)$$

Unter Verwendung von (2,7) finden wir

$$R(x,t)+\frac{1}{D}(v(a)u(x)-u(a)v(x)) R(b,t) =$$

$$=\frac{1}{AD}(u(a)v(t)-u(t)v(a))(u(b)v(x)-u(x)v(b))$$

Die Lösung $y(x)$ können wir dann kurz in der Form

$$y(x)= \int_a^b G(x,t)F(t)dt \qquad (2,11)$$

schreiben, wobei die Funktion $G(x,t)$ durch die Glei-

12*

chungen

$$G(x,t)=\frac{1}{AD}(u(a)v(t)-u(t)v(a))(u(b)v(x)-$$
$$-u(x)v(b))$$

$$t < x$$ (2,12a)

und

$$G(x,t)=\frac{1}{AD}(v(a)u(x)-u(a)v(x))(v(b)u(t)-$$
$$-u(b)v(t))$$

$$t > x$$ (2,12b)

definiert ist. Die Funktion $G(x,t)$ heißt <u>Greensche</u> <u>Funktion</u> der Differentialgleichung (2,1) mit den Randbedingungen (2,3), sie ist symmetrisch im Quadrat

$$a \leq x \leq b \quad ; \quad a \leq t \leq b$$ (2,13)

denn es gilt

$$G(x,t) = G(t,x)$$ (2,14)

Ferner gilt für alle t aus $a \leq t \leq b$

$$G(a,t) = G(b,t) = 0$$ (2,15)

Für $x = t$, d.h. auf der Diagonalen des Quadrates (2,13) ist die Greensche Funktion stetig. Ihre Ableitung nach x, die mit $G'(x,t)$ bezeichnet wird, erleidet für $x = t$ einen Sprung von

$$G'(t+o,t)-G'(t-o,t) = \frac{1}{p(t)}$$ (2,16)

dabei bedeutet $G'(t+o,t)$ bzw. $G'(t-o,t)$ den Grenzwert von $G'(x,t)$, wenn x von rechts bzw. von links gegen t strebt. Als Funktion der Veränderlichen x besitzt die Greensche Funktion für $a \leq x \leq t$ und $t \leq x \leq b$ stetige Ableitungen bis zur zweiten Ordnung und erfüllt die homogene Differentialgleichung

$$\frac{d}{dx} \{p(x)G'(x,t)\} + g(x)G(x,t) = 0$$ (2,17)

Durch die Bedingungen (2,14) bis (2,17) ist die Greensche Funktion $G(x,t)$ eindeutig festgelegt.

Wir betrachten nun die Randwertaufgabe

$$\frac{d}{dx}(p(x)\frac{dy}{dx})+(g(x)+\lambda r(x))y=F(x) \qquad (2,18)$$

$$a \leq x \leq b \qquad (2,19)$$

$$y(a)=0 \quad ; \quad y(b)=0 \qquad (2,2o)$$

Wir schreiben die Differentialgleichung $(2,18)$ um zu

$$\frac{d}{dx}(p(x)\frac{dy}{dx})+g(x)y=F(x)-\lambda r(x)y \qquad (2,21)$$

Indem wir in Gleichung $(2,11)$ $F(t)$ durch den Ausdruck

$$F(t)-\lambda r(t)y(t)$$

ersetzen, gelangen wir zu der Fredholmschen Integral-gleichung

$$y(x)=\int_a^b G(x,t)F(t)dt-\lambda\int_a^b G(x,t)r(t)y(t)dt \qquad (2,22)$$

die der Differentialgleichung $(2,21)$ mit den Randbe-dingungen $(2,2o)$ äquivalent ist.

Aufgabe 2,1: Wir betrachten die Besselsche Differen-tialgleichung

$$x^2\frac{d^2y}{dx^2}+x\frac{dy}{dx}+(\lambda x^2-1)y = 0 \qquad (2,23)$$

mit den Randbedingungen

$$y(o) = 0 \quad ; \quad y(1) = 0 \qquad (2,24)$$

Die Differentialgleichung können wir umformen zu

$$\frac{d}{dx}(x\frac{dy}{dx})+\{ -\frac{1}{x}+\lambda x \} y = 0$$

Durch Vergleich mit Gleichung $(2,18)$ ergibt sich

$$p(x)=x \quad ; \quad g(x)=-\frac{1}{x} \quad ; \quad r(x)=x \quad ; \quad F(x)=0$$

Da die homogene Differentialgleichung

$$\frac{d}{dx}(x\frac{dy}{dx})-\frac{1}{x}y = 0$$

die beiden linear unabhängigen Lösungen

$$y = x \quad ; \quad y = \frac{1}{x}$$

besitzt, ist die Greensche Funktion $G(x,t)$ von der Form

$$G(x,t)=C_1(t)x+C_2(t)\frac{1}{x} \quad ; \quad x < t \qquad (2,25a)$$

$$G(x,t)=C_3(t)x+C_4(t)\frac{1}{x} \quad ; \quad x > t \qquad (2,25b)$$

Unter Berücksichtigung der Randbedingung (2,15) erhalten wir für alle t aus $o \leq t \leq 1$

$$C_2(t)=0 \quad ; \quad C_4(t)=-C_3(t)$$

Mithin gilt

$$G(x,t)=C_1(t)x \quad ; \quad x < t$$

$$G(x,t)=C_3(t)(x-\frac{1}{x}); \quad x > t \qquad (2,26)$$

Auf Grund der Stetigkeit der Greenschen Funktion für
$x = t$ ergibt sich

$$C_1(t)-C_3(t)(\frac{t^2-1}{t^2})=0 \qquad (2,27)$$

Eine weitere Beziehung zwischen den Funktionen $C_1(t)$
und $C_3(t)$ ist gegeben durch die Sprungrelation (2,16)

$$C_1(t)-C_3(t)(\frac{t^2+1}{t^2})=- \frac{1}{t} \qquad (2,28)$$

Aus dem linearen Gleichungssystem (2,27); (2,28) ergibt sich

$$C_1(t)=\frac{t^2-1}{2t} \quad ; \quad C_3(t)= \frac{t}{2}$$

Folglich lautet die Greensche Funktion

$$G(x,t)=\frac{t^2-1}{2t}x \quad ; \quad x < t$$

$$G(x,t)=\frac{x^2-1}{2x}t \quad ; \quad x > t \qquad (2,29)$$

Die zur Besselschen Differentialgleichung (2,23) mit
den Randbedingungen (2,24) äquivalente Fredholmsche
Integralgleichung hat die Gestalt

$$y(x)=- \lambda \int_o^1 G(x,t).ty(t)dt$$

VI Einzeldifferentialgleichungen

Abkürzungen

$$D=\frac{d}{dx}$$

P(D): Polynom in D mit konstanten Koeffizienten

R(x),Q(x): Polynome in x

$Q_n(x)$: Polynom n-ten Grades in x

1) Differentialgleichungen erster Ordnung ersten Grades

184

$2f(x)yy'+g(x)y^2+h(x)=0$ 46

2) Differentialgleichungen erster Ordnung höheren Grades

$(\frac{dy}{dx})^n+f_1(x,y)(\frac{dy}{dx})^{n-1}+\ldots+f_{n-1}(x,y)y'+f_n(x,y)=0$	51
$(y'-\varphi_1(x,y))(y'-\varphi_2(x,y))\ldots(y'-\varphi_n(x,y))=0$	51
$y=F(x,y')$	52
$y=x\varphi(y')+f(y')$	52
$y=xy'+f(y')$	53
$y=F(y')$	54
$x=F(y,y')$	54
$x=F(y')$	54
$y=xf(y')$	57
$\{y-y'x+(y')^2\}\{y-xy'+y'\}=0$	57
$y=3x^4(y')^2-xy'$	58
$(1+x)^3(1-x)(y')^2+(x^2+x-1)^2=0$	62

3) Lineare homogene Differentialgleichungen mit konstanten Koeffizienten

$(D-a)^ny=0$	87
$(D-a)(D-b)^2y=0$	88
$((D-a)^2+b^2)y=0$	89
$((D-a)^2+b^2)^ny=0$	91
$P_1(D).P_2(D)y=0$	88

4) Lineare inhomogene Differentialgleichungen mit konstanten Koeffizienten

$P(D)y=F(x)$	92,98
$(D-a)(D-b)y=F(x)$	92

5) Lineare Differentialgleichungen zweiter und höherer Ordnung

6) Nichtlineare Differentialgleichungen zweiter und höherer Ordnung

188

LITERATUR

F. Ayres	Differential equations, New York 1952
H. Behnke	Vorlesungen über gewöhnliche Differentialgleichungen, Münster 1955
G. Bräunig	Gewöhnliche Differentialgleichungen, Frankfurt/M. u. Zürich 1965
F. Brauer J.A. Nohel	Qualitative theory of ordinary differential equations, New York, Amsterdam 1969
T.W. Chaundy	Elementary Differential Equations, Oxford 1969
F. Charlton	Ordinary differential and difference equations, London 1965
M.S.P. Eastham	Theory of ordinary differential equations, London 1970
F. Erwe	Gewöhnliche Differentialgleichungen, Mannheim 1972 (B.I. Hochschultaschenbücher)
A.G. Fadell	Vector calculus and differential equations, Princeton, New Jersey 1968
Forsyth	Lehrbuch der Differentialgleichungen, Braunschweig 1912
H. Goering	Elementare Methoden zur Lösung von Differentialgleichungsproblemen, Berlin 1968
G. Hoheisel	Gewöhnliche Differentialgleichungen, Berlin 1956 (Sammlung Göschen)
E.L. Ince	Die Integration gewöhnlicher Differentialgleichungen, Mannheim 1956 (B.I. Hochschultaschenbücher)
E. Kamke	Differentialgleichungen, Lösungsmethoden und Lösungen, Leipzig 1944
L. Kiepert	Grundriß der Integral-Rechnung, Hannover 1929
A. Kreschke	Differentialgleichungen und Randwertprobleme, Leipzig 1965
D.L. Kreider R.G. Kuller P.R. Ostberg	Elementary differential Equations, London, Don Mills 1968
E.R. Lapwood	Ordinary differential equations, Oxford, London, Edinburgh, New York 1968

D. Laugwitz	Ingenieur Mathematik III, Mannheim 1964 (B.I. Hochschultaschenbücher)
L.S. Pontrjagin	Gewöhnliche Differentialgleichungen, Berlin 1965
A.L. Rabenstein	Introduction to ordinary differential equations, New York, London 1966
R. Rothe I. Szabo	Höhere Mathematik Teil VI Stuttgart 1958
G. Sansone R. Conti	Equazioni differenziali non lineare, Roma 1956
G.F. Simmons	Differential equations, New York, San Francisco, St. Louis, Düsseldorf 1972
W.I. Smirnow	Lehrgang der Höheren Mathematik Teil II, Berlin 1966
B. Spain	Ordinary differential equations, London, New York, Toronto, Melbourne 1969
W.W. Stepanow	Lehrbuch der Differentialgleichungen, Berlin 1956
F.G. Tricomi	Equazioni Differenziali, Torino 1953
K. Yosida	Lectures on differential and integral equations, New York, London 1960

190

VIII Namens- und Sachregister

194

B.I.-Hochschultaschenbücher die Taschenbücher der reinen Wissenschaft

Physik

Barut, A. O.
Die Theorie der Streumatrix für die Wechselwirkungen fundamentaler Teilchen I
225 S. mit Abb. (Bd. 438)

Barut, A. O.
Die Theorie der Streumatrix für die Wechselwirkungen fundamentaler Teilchen II
212 S. mit Abb. (Bd. 555)

Bensch, F./Fleck, C. M.
Neutronenphysikalisches Praktikum I
Physik und Technik der Aktivierungssonden
234 S. mit Abb. (Bd. 170)

Bensch, F./Fleck, C. M.
Neutronenphysikalisches Praktikum II
Ausgewählte Versuche und ihre Grundlagen
182 S. mit Abb. (Bd. 171)

Bjorken, J. D./Drell, S. D.
Relativistische Quantenmechanik
312 S. mit Abb. (Bd. 98)

Bodenstedt, E.
Experimente der Kernphysik und ihre Deutung I
290 S. mit Abb. (Wv).

Bodenstedt, E.
Experimente der Kernphysik und ihre Deutung II
XIV, 293 S. mit Abb. (Wv).

Bodenstedt, E.
Experimente der Kernphysik und ihre Deutung III
288 S. mit Abb. (Wv).

Borucki, H.
Einführung in die Akustik
236 S. mit Abb. (Wv).

Chintschin, A. J.
Mathematische Grundlagen der statistischen Mechanik
175 S. (Bd. 58)

Donner, W.
Einführung in die Theorie der Kernspektren I
197 S. mit Abb. (Bd. 473)

Donner, W.
Einführung in die Theorie der Kernspektren II
107 S. mit Abb. (Bd. 556)

Dreisvogt, H.
Spaltprodukt-Tabellen
Etwa 200 S. mit Abb. (Wv).

Eder, G.
Elektrodynamik
273 S. mit Abb. (Bd. 233)

Eder, G.
Quantenmechanik I
324 S. (Bd. 264)

Eisenbud, L./Wigner, E. P.
Einführung in die Kernphysik
145 S. mit Abb. (Bd. 16)

Emendörfer, D./Höcker, K. H.
Theorie der Kernreaktoren I
232 S. mit Abb. (Bd. 411)

Emendörfer, D./Höcker, K. H.
Theorie der Kernreaktoren II
147 S. mit Abb. (Bd. 412)

Feynman, R. P.
Quantenelektrodynamik
249 S. mit Abb. (Bd. 401)

Fick, D.
Einführung in die Kernphysik mit polarisierten Teilchen
VI, 255 S. mit Abb. (Bd. 755)

Hochschultaschenbücher

Gasiorowicz, S.
Elementarteilchenphysik
Etwa 600 S. mit Abb. (Wv).

Groot, S. R. de
Thermodynamik irreversibler Prozesse
216 S. mit Abb. (Bd. 18)

Groot, S. R. de/Mazur, P.
Anwendung der Thermodynamik
irreversibler Prozesse
Etwa 240 S. mit Abb. (Wv).

Groot, S. R. de/Mazur, P.
Grundlagen der Thermodynamik
irreversibler Prozesse
217 S. (Bd. 162)

Heisenberg, W.
Physikalische Prinzipien der
Quantentheorie
117 S. mit Abb. (Bd. 1)

Huang, K.
Statistische Mechanik III
162 S. (Bd. 70)

Hund, F.
Geschichte der physikalischen Begriffe
410 S. (Bd. 543)

Hund, F.
Grundbegriffe der Physik
234 S. mit Abb. (Bd. 449)

Källén, G.
Elementarteilchenphysik
Etwa 630 S. mit Abb. (Wv).

Kertz, W.
Geophysik I
232 S. mit Abb. (Bd. 275)

Kertz, W.
Geophysik II
210 S. mit Abb. (Bd. 535)

Libby, W. F./Johnson, F.
Altersbestimmung mit der C^{14}-Methode
205 S. mit Abb. (Bd. 403)

Lipkin, H. J.
Anwendung von Lieschen Gruppen in der
Physik
177 S. mit Abb. (Bd. 163)

Luchner, K.
Aufgaben und Lösungen zur
Experimentalphysik I
158 S. mit Abb. (Bd. 155)

Luchner, K.
Aufgaben und Lösungen zur
Experimentalphysik II
150 S. mit Abb. (Bd. 156)

Luchner, K.
Aufgaben und Lösungen zur
Experimentalphysik III
125 S. mit Abb. (Bd. 157)

Lüscher, E.
Experimentalphysik I
Mechanik, geometrische Optik, Wärme.
1. Teil. 260 S. mit Abb. (Bd. 111)

Lüscher, E.
Experimentalphysik I
Mechanik, geometrische Optik, Wärme.
2. Teil. 215 S. mit Abb. (Bd. 114)

Lüscher, E.
Experimentalphysik II
Elektromagnetische Vorgänge.
336 S. mit Abb. (Bd. 115)

Lüscher, E.
Experimentalphysik III
Grundlagen zur Atomphysik. 1. Teil.
177 S. mit Abb. (Bd. 116)

Lüscher, E.
Experimentalphysik III
Grundlagen zur Atomphysik. 2. Teil.
160 S. mit Abb. (Bd. 117)

Lynton, E. A.
Supraleitung
205 S. mit Abb. (Bd. 74)

Mittelstaedt, P.
Philosophische Probleme der modernen
Physik
215 S. mit Abb. (Bd. 50)

Mitter, H.
Quantentheorie
316 S. mit Abb. (Bd. 701)

Neuert, H.
Experimentalphysik für Mediziner,
Zahnmediziner, Pharmazeuten und
Biologen
292 S. mit Abb. (Bd. 712)

Rollnik, H.
Teilchenphysik I
188 S. mit Abb. (Bd. 706)

6/2

Hochschultaschenbücher

Rollnik, H.
Teilchenphysik II
Innere Symmetrien der Teilchen
158 S. mit Abb. (Bd. 759)

Rose, M. E.
Relativistische Elektronentheorie I
193 S. mit Abb. (Bd. 422)

Rose, M. E.
Relativistische Elektronentheorie II
171 S. mit Abb. (Bd. 554)

Scherrer, P./Stoll, P.
Physikalische Übungsaufgaben I
Mechanik und Akustik
96 S. mit Abb. (Bd. 32)

Scherrer, P./Stoll, P.
Physikalische Übungsaufgaben II
Optik, Thermodynamik, Elektrostatik
103 S. mit Abb. (Bd. 33)

Scherrer, P./Stoll, P.
Physikalische Übungsaufgaben III
Elektrizitätslehre, Atomphysik
103 S. mit Abb. (Bd. 34)

Schulten, R./Güth, W.
Reaktorphysik II
Der Reaktor im nichtstationären Betrieb
164 S. mit Abb. (Bd. 11)

Schultz-Grunow, F.
Elektro- und Magnetohydrodynamik
308 S. mit Abb. (Bd. 811)

Schwartz, L.
Mathematische Methoden der Physik I
200 S. (Wv).

Seiler, H.
Abbildungen von Oberflächen mit
Elektronen, Ionen und Röntgenstrahlen
131 S. mit Abb. (Bd. 428)

Süßmann, G.
Einführung in die Quantenmechanik I
Grundlagen
205 S. mit Abb. (Bd. 9)

Streater, R. F./Wightman, A. S.
Die Prinzipien der Quantenfeldtheorie
235 S. mit Abb. (Bd. 435)

Teichmann, H.
Einführung in die Atomphysik
135 S. mit Abb. (Bd. 12)

Teichmann, H.
Halbleiter
156 S. mit Abb. (Bd. 21)

Thouless, D. J.
Quantenmechanik der Vielteilchensysteme
208 S. mit Abb. (Bd. 52)

Wegener, H.
Der Mößbauer-Effekt und seine
Anwendung in Physik und Chemie
226 S. mit Abb. (Bd. 2)

Wehefritz, V.
Physikalische Fachliteratur
171 S. (Bd. 440)

Weizel, W.
Einführung in die Physik I
Mechanik, Wärme
174 S. mit Abb. (Bd. 3)

Weizel, W.
Einführung in die Physik II
Elektrizität und Magnetismus
180 S. mit Abb. (Bd. 4)

Weizel, W.
Einführung in die Physik III
Optik und der Bau der Materie
194 S. mit Abb. (Bd. 5)

Weizel, W.
Physikalische Formelsammlung I
Mechanik, Strömungslehre,
Elektrodynamik
175 S. mit Abb. (Bd. 28)

Weizel, W.
Physikalische Formelsammlung II
Optik, Thermodynamik, Statistik,
Relativitätstheorie
148 S. (Bd. 36)

Weizel, W.
Physikalische Formelsammlung III
Quantentheorie
196 S. mit Abb. (Bd. 37)

6/3

Hochschultaschenbücher

Ingenieurwissenschaften

Beneking, H.
Praxis des Elektronischen Rauschens
255 S. mit Abb. (Bd. 734)

Billet, R.
Grundlagen der thermischen Flüssigkeitszerlegung
150 S. mit Abb. (Bd. 29)

Billet, R.
Optimierung in der Rektifiziertechnik unter besonderer Berücksichtigung der Vakuumrektifikation
129 S. mit Abb. (Bd. 261)

Billet, R.
Trennkolonnen für die Verfahrenstechnik
151 S. mit Abb. (Bd. 548)

Böhm, H.
Einführung in die Metallkunde
236 S. mit Abb. (Bd. 196)

Bosse, G.
Grundlagen der Elektrotechnik IV
164 S. mit Abb. (Bd. 185)

Bosse, G./Glaab, A.
Grundlagen der Elektrotechnik III
Wechselstromlehre, Vierpol- und Leitungstheorie. 136 S. (Bd. 184)

Bosse, G./Mecklenbräuker, W.
Grundlagen der Elektrotechnik I
Das elektrische Feld und der Gleichstrom. 141 S. mit Abb. (Bd. 182)

Bosse, G./Wiesemann, G.
Grundlagen der Elektrotechnik II
Das magnetische Feld und die elektromagnetische Induktion
153 S. mit Abb. (Bd. 183)

Czerwenka, G./Schnell, W.
Einführung in die Rechenmethoden des Leichtbaus I
193 S. mit Abb. (Bd. 124)

Czerwenka, G./Schnell, W.
Einführung in die Rechenmethoden des Leichtbaus II
175 S. mit Abb. (Bd. 125)

Denzel, P.
Dampf- und Wasserkraftwerke
231 S. mit Abb. (Bd. 300)

Feldtkeller, E.
Dielektrische und magnetische Materialeigenschaften I
242 S. mit Abb. (Bd. 485)

Feldtkeller, E.
Dielektrische und magnetische Materialeigenschaften II
Etwa 240 S. mit Abb. (Bd. 488)

Fischer, F. A.
Einführung in die statistische Übertragungstheorie
187 S. (Bd. 130)

Glaab, A./Hagenauer, J.
Aufgaben und Lösungen in Grundlagen der Elektrotechnik III, IV
228 S. (Bd. 780)

Großkopf, J.
Wellenausbreitung I
215 S. mit Abb. (Bd. 141)

Großkopf, J.
Wellenausbreitng II
262 S. mit Abb. (Bd. 539)

Groth, K./Rinne, G.
Grundzüge des Kolbenmaschinenbaues
Verbrennungskraftmaschinen
166 S. mit Abb. (Bd. 770)

Heilmann, A.
Antennen I
164 S. mit Abb. (Bd. 140)

Heilmann, A.
Antennen II
219 S. mit Abb. (Bd. 534)

Heilmann, A.
Antennen III
184 S. mit Abb. (Bd. 540)

Isermann, R.
Experimentelle Analyse der Dynamik von Regelsystemen
Reihe: Theoretische und experimentelle Methoden der Regelungstechnik
Identifikation I
267 S. mit Abb. (Bd. 515)

Isermann, R.
Theoretische Analyse der Dynamik industrieller Prozesse
Reihe: Theoretische und experimentelle Methoden der Regelungstechnik
Identifikation II 1. Teil.
122 S. mit Abb. (Bd. 764)

Hochschultaschenbücher

Jordan-Engeln, G./Reutter, F.
Numerische Mathematik für Ingenieure
XIII, 352 S. mit Abb. (Bd. 104)

Klefenz, G.
Die Regelung von Dampfkraftwerken
Reihe: Theoretische und experimentelle
Methoden der Regelungstechnik
229 S. mit Abb. (Bd. 549)

Klein, W.
Vierpoltheorie
159 S. mit Abb. (Wv).

Klingbeil, E.
Tensorrechnung für Ingenieure
197 S. mit Abb. (Bd. 197)

Leonhard, W.
Diskrete Regelsysteme
245 S. mit Abb. (Bd. 523)

Lippmann, H.
Schwingungslehre
264 S. mit Abb. (Bd. 189)

MacFarlane, A. G. J.
Analyse technischer Systeme
312 S. mit Abb. (Bd. 81)

Mahrenholtz, O.
Analogrechnen in Maschinenbau und
Mechanik
208 S. mit Abb. (Bd. 154)

Mesch, F.
Meßtechnisches Praktikum
224 S. mit Abb. (Bd. 736)

Pestel, E.
Technische Mechanik I
Statik. 284 S. mit Abb. (Bd. 205)

Pestel, E.
Technische Mechanik II
Kinematik und Kinetik 1. Teil.
196 S. mit Abb. (Bd. 206)

Pestel, E.
Technische Mechanik II
Kinematik und Kinetik 2. Teil.
204 S. mit Abb. (Bd. 207)

Pestel, E./Liebau, G.
Phänomene der pulsierenden Strömung im
Blutkreislauf aus technologischer,
physiologischer und klinischer Sicht
VIII, 124 S. (Bd. 738)

Piefke, G.
Feldtheorie I
265 S. mit Abb. (Bd. 771)

Piefke, G.
Feldtheorie II
231 S. mit Abb. (Bd. 773)

Prassler, H.
Energiewandler der Starkstromtechnik I
178 S. mit Abb. (Bd. 199)

Prassler, H./Priess, A.
Aufgabensammlung zur
Starkstromtechnik I
192 S. mit Abb. (Bd. 198)

Preßler, G.
Regelungstechnik
348 S. mit Abb. (Bd. 63)

Rößger, E./Hünermann, K.-B.
Einführung in die Luftverkehrspolitik
165, LIV S. mit Abb. (Bd. 824)

Sagirow, P.
Satellitendynamik
191 S. (Bd. 719)

Schlitt, H./Dittrich, F.
Statistische Methoden der
Regelungstechnik
169 S. (Bd. 526)

Schrader, K.-H.
Die Deformationsmethode als Grundlage
einer problemorientierten Sprache
137 S. mit Abb. (Bd. 830)

Schwarz, H.
Frequenzgang- und
Wurzelortskurvenverfahren
Reihe: Theoretische und experimentelle
Methoden der Regelungstechnik
164 S. mit Abb. (Bd. 193)

Starkermann, R.
Die harmonische Linearisierung I
Reihe: Theoretische und experimentelle
Methoden der Regelungstechnik.
Einführung, Schwingungen, nichtlineare
Regelkreisglieder
201 S. mit Abb. (Bd. 469)

Starkermann, R.
Die harmonische Linearisierung II
Reihe: Theoretische und experimentelle
Methoden der Regelungstechnik.
Nichtlineare Regelsysteme
83 S. mit Abb. (Bd. 470)

6/5

Hochschultaschenbücher

Stüwe, H.-P.
Einführung in die Werkstoffkunde
192 S. mit Abb. (Bd. 467)

Stüwe, H.-P.
Feinstrukturuntersuchungen in der
Werkstoffkunde
Etwa 260 S. mit Abb. (Wv).

Wasserrab, T.
Gaselektronik I
Reihe: Physikalische Grundlagen der
Energie-Elektronik
223 S. mit Abb. (Bd. 742)

Wasserrab, T.
Gaselektronik II
Reihe: Physikalische Grundlagen der
Energie-Elektronik
230 S. (Bd. 769)

Weh, H.
Elektrische Netzwerke und Maschinen in
Matrizendarstellung
309 S. mit Abb. (Bd. 108)

Wiesemann, G./Mecklenbräuker, W.
Aufgaben und Lösungen in Grundlagen der
Elektrotechnik I
179 S. (Bd. 778)

Wolff, I.
Grundlagen und Anwendungen der
Maxwellschen Theorie I
326 S. mit Abb. (Bd. 818)

Wolff, I.
Grundlagen und Anwendungen der
Maxwellschen Theorie II
263 S. mit Abb. (Bd. 731)

Wunderlich, W.
Ebene Kinematik
263 S. mit Abb. (Bd. 447)

Bucerius, H./Schneider, M.
Vorlesungen über Himmelsmechanik I
207 S. mit Abb. (Bd. 143)

Bucerius, H./Schneider, M.
Vorlesungen über Himmelsmechanik II
262 S. mit Abb. (Bd. 144)

Elsässer, H./Scheffler, H.
Physik der Sterne und der Sonne
Etwa 300 S. mit Abb. (Wv).

Giese, R.-H.
Erde, Mond und benachbarte Planeten
250 S. mit Abb. (Bd. 705)

Giese, R.-H.
Weltraumforschung I
Physikalisch-Technische
Voraussetzungen. 221 S. mit Abb.
(Bd. 107)

Schaifers, K.
Atlas zur Himmelskunde
(Bd. 308)

Schurig/Götz/Schaifers
Himmelsatlas (Tabulae caelestes)
(Wv).

Voigt, H.-H.
Abriß der Astronomie I
258 S. mit Abb. (Bd. 807)

Voigt, H.-H.
Abriß der Astronomie II
296 S. mit Abb. (Bd. 819)

Zimmermann, O.
Astronomische Übungsaufgaben
116 S. mit Abb. (Bd. 127)

Astronomie

Becker, F.
Geschichte der Astronomie
201 S. mit Abb. (Bd. 298)

Bohrmann, A.
Bahnen künstlicher Satelliten
163 S. mit Abb. (Bd. 40)

6/6

Hochschultaschenbücher